日本新建築 SHINKENCHIKU JAPAN 中文版 **37**

（日语版第 93 卷 12 号，2018 年 11 月号）

建筑设计与空间构思

日本株式会社新建筑社编　肖辉等译

U0363617

主办单位：大连理工大学出版社
主　　编：范　悦（中）四方裕（日）

编委会成员：
（按姓氏笔画排序）
中方编委：王　昀　吴耀东　陆　伟
　　　　　茅晓东　钱　强　黄居正
　　　　　魏立志
国际编委：吉田贤次（日）

出 版 人：金英伟
统　　筹：苗慧珠
责任编辑：邱　丰
封面设计：洪　烘
责任校对：寇思雨

印　　刷：深圳市福威智印刷有限公司
出版发行：大连理工大学出版社
地　　址：辽宁省大连市高新技术产
　　　　　业园区软件园路 80 号
邮　　编：116023
编辑部电话：86-411-84709075
编辑部传真：86-411-84709035
发行部电话：86-411-84708842
发行部传真：86-411-84701466
邮购部电话：86-411-84708943
网　　址：dutp.dlut.edu.cn

定　　价：人民币 98.00 元

CONTENTS

日本新建筑
中文版 37

目录

稻荷桥广场视角。在旧东急东横线涩谷站及其线路旧址建设大型综合设施，包含店铺、大堂、酒店、办公室等。伴随着再开发，官民合作对长约600 m的涩谷川和步行道也进行了修整

涩谷Stream

设计　东急设计咨询 小岛一浩+赤松佳珠子/CAt（设计·建筑师）
施工　涩谷站南街区项目新筑工程企业联营体
所在地　东京都涩谷区
SHIBUYA STREAM
architects: TOKYU ARCHITECTS & ENGINEERS　KAZUHIRO KOJIMA + KAZUKO AKAMATSU / CAt

通过随机配置铝板，减轻超高层大厦建筑外观给人的压迫感。
为避免遮挡室内眺望视线，铝板设置在柱子周围

东北侧外观。通过实现涩谷川再开发，将与涩谷站周边街区相连的步行街网、车站街区同地下通路相连，形成地下车道网等公共空间，容积率缓和至1350%

西南侧视角。用地位于涩谷站南街区（涩谷Stream），涩谷站街区虽被国道246号线分割开来，但又通过246号空中廊桥和步行街连成一体。照片中央为车站街区"涩谷Scramble Square"，照片左下方为"道玄坂一丁目站前地区"

在明治大道沿线上，从地下2层建起了拥有垂直交通设计的Urban Core（城市核心），它越过稻荷桥广场，与大阶梯相连。涩谷Stream Hall（照片右侧）的北侧墙壁上映照出3层入口、4层前厅、5层大堂中来来往往的人流

从246号空中廊桥方向一览Stream Line贯穿大道。面前扶梯通向办公大厅，里面的扶梯通向涩谷Stream Hall的对面。挑空顶棚高度约为9000 mm

眺望涩谷川。护岸的水景设施为壁泉，利用清水循环流动

Urban Core 2层视角。顶棚为不锈钢镜面装饰的镶板，倒映着
人们在地上和地下的流线。为避免玻璃面给人过强的压迫感，
错开上下面相对的位置

令人感到微风拂面的舒适感

东急东横线涩谷站旧址。这里是东横线的始发站和终点站，曾经的轨道、大堂以及拱形屋顶都深深刻印在许多人的记忆中。延续曾经熟悉的亲切画面，我们力求将这里所具有的魅力传承到未来，增强涩谷独一无二的亲和力和街区魅力，打造一处适于工作族骑行或步行的空间。这里虽然处于谷地，但首都高速、明治大道、涩谷川、JR、人行天桥等设施展现出城市活力与生活节奏的速度感，令人感受生活的动力和吹拂而过的微风。

贯穿大道Stream Line再次利用国道246号上方的部分旧高架桥，沿袭了旧东横线的线路线形。遍布涩谷路面的大量店铺营造出能感觉到过堂风、

光移动、街道喧闹及涩谷川流动的开放式环境，创造出从涩谷涌向代官山的新型人流线。路线从明治大道的Urban Core一侧出发，经由地标性大阶梯Stream Line，贯穿樱丘町。设置黄色扶梯，加强都市立体路径的可视化效果。涩谷Stream是一处人们可以安心停留的舒心之地，同时也起到推动人流向街道各个方向移动的端口作用。

大城市中具有动态流动性的公共空间的设计由设计者、民间企业、行政机构等共谋划策，涉及建筑、土木、城市规划等领域。希望该项目能成为一个实现再开发的新契机。

（赤松佳珠子/CAt）

（翻译：李佳泽）

从Urban Core的地下向上看

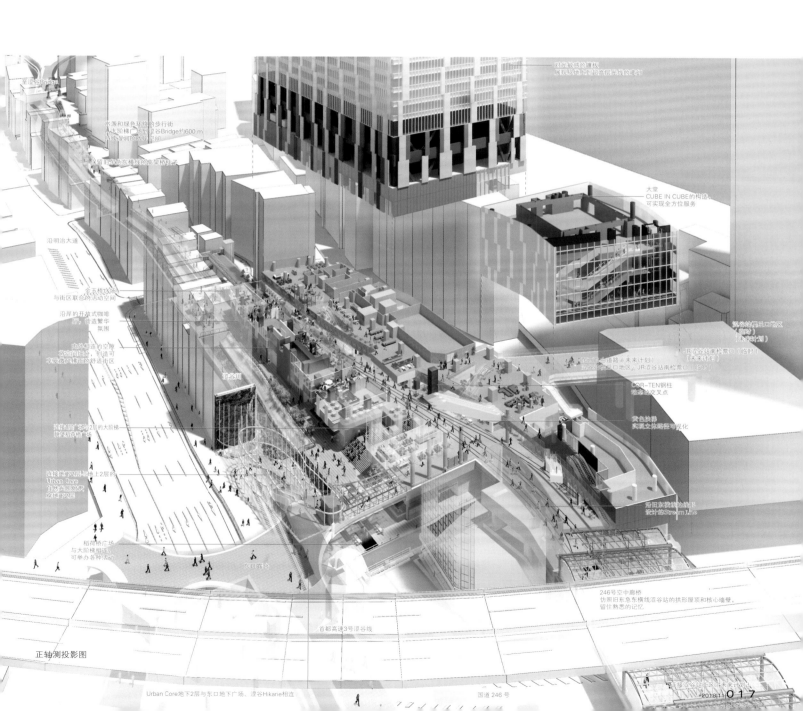

正轴测投影图

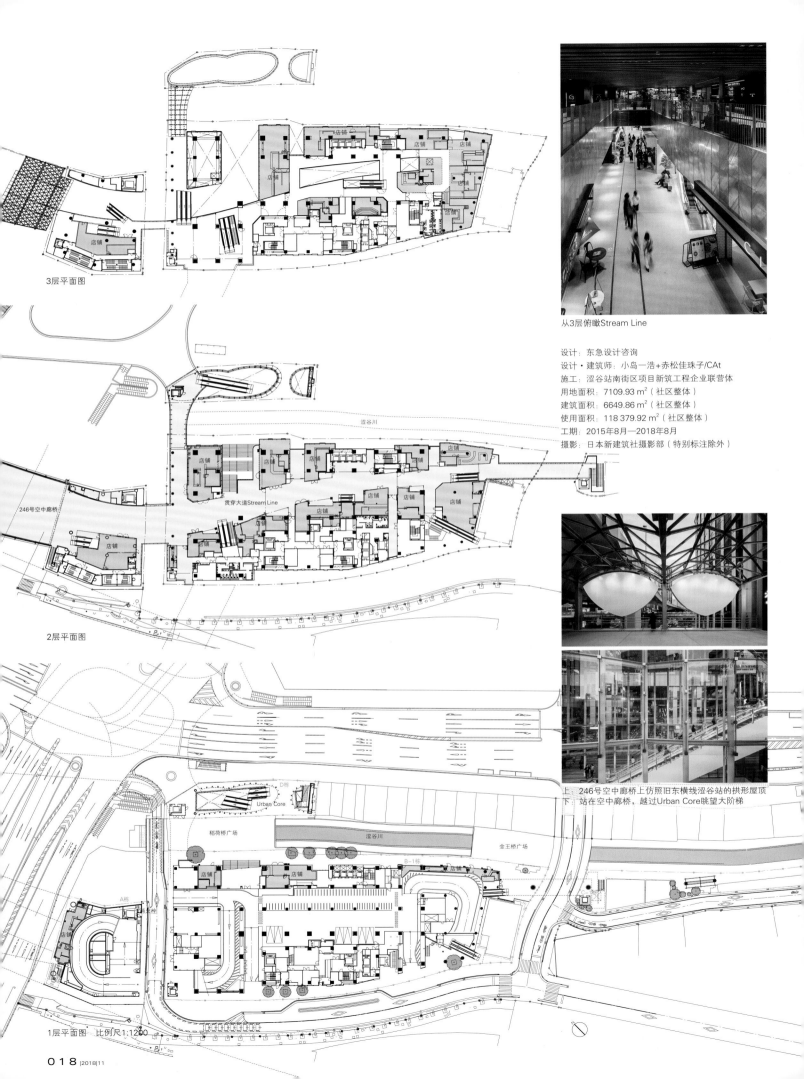

3层平面图

从3层俯瞰Stream Line

设计：东急设计咨询
设计·建筑师：小岛一浩+赤松佳珠子/CAt
施工：涩谷站南街区项目新筑工程企业联营体
用地面积：7109.93 m²（社区整体）
建筑面积：6649.86 m²（社区整体）
使用面积：118 379.92 m²（社区整体）
工期：2015年8月—2018年8月
摄影：日本新建筑社摄影部（特别标注除外）

涩谷川

246号空中廊桥

贯穿大道Stream Line

店铺

2层平面图

上：246号空中廊桥上仿照旧东横线涩谷站的拱形屋顶
下：站在空中廊桥，越过Urban Core眺望大阶梯

Urban Core

稻荷桥广场

涩谷川

金王桥广场

A桥

B-1桥

店铺

1层平面图　比例尺1:1200

【A栋】
用地面积：934.36 m²
建筑面积：1713.21 m²
使用面积：7214.18 m²
层数：地下4层　地下7层　阁楼1层
结构：铁架结构（部分钢筋混凝土结构、铁架钢筋混凝土结构）
工期：2015年8月—2018年8月

【B-1栋】
用地面积：4774.52 m²
建筑面积：4166.75 m²
使用面积：108 376.68 m²
层数：地下4层　地上35层　阁楼3层
结构：铁架结构（部分钢筋混凝土结构、铁架钢筋混凝土结构）
工期：2015年8月—2018年8月

【C-1栋】
用地面积：487.14 m²
建筑面积：10.71 m²
使用面积：21.42 m²
层数：地上2层
结构：铁架结构
工期：2017年3月—2018年8月

【D栋】
用地面积：524.43 m²
建筑面积：434.45 m²
使用面积：375.93 m²
层数：地下2层　地上2层
结构：铁架结构（部分钢筋混凝土结构）
工期：2015年8月—2018年8月
（项目说明详见第150页）

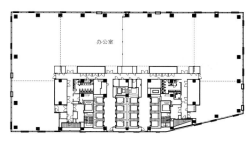

24层（办公层）平面图

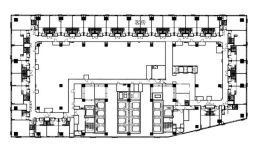

10层（酒店层）平面图

5层平面图

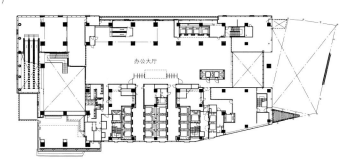

4层平面图

上：涩谷Stream Hall。用于演唱会或商业展览等/中：面对国道246号扶梯/下：4层入口大堂

左：大阶梯底部播放影像/中上：3层西南侧设有休息空间，计划在此设立东西大路，将其与涩谷站樱丘口地区和JR涩谷站南检票口（临时）相连/中下：大阶梯与稻荷桥广场连成一体，也可作为舞台使用/右：贯穿大道Stream Line在各处设有与外部相连的空间，视线开拓到涩谷街区

象征涩谷未来的塔形设计

涩谷既不只是单纯的办公街，也不只是单纯的商业街。涩谷这片街区是人文与信息的交融点，蕴含巨大能量。多种形式在这里以流动性和高密度性呈现，引领时代潮流。站南街区的设计体现"更新""更快乐"的涩谷风格。

1）从地表到天空，设计具有层次性

2）白＝光，十分明亮

3）可呼吸外部空气的设计（非密闭性）

传统死板形式的建筑不符合涩谷风格。该项目将超高层所呈现的固定形式转换为亲自然性的变幻景象。随机配备镶板穿插光和影，是一种反射和吸收的"变幻"。采用镶板的环境控制（呼吸＋提高PAL值）·减震技术属于非单纯装饰的知性设计。在这里，作为承租者的创造性企业也都各具特色，这些特色交相辉映，营造出一个让涩谷人自豪的"娱乐城"。

Urban Core的设计

上下起伏的涩谷街区在垂直方向相连，将其实现可视化是Urban Core的课题。希望位于内部的涩谷站南街区（涩谷Stream）主体实现街区一体化的效果。具体需要统合以下5点。

1）顺畅地将东横线涩谷站（地下2层）—地表—2层露台连接起来（计划）

2）避免地下空间吹进风雨（玻璃屏）

3）与主体设计不同（曲面呈现柔和设计）

4）明治大道与主体相连（标志为17m高的顶棚。接近地表处无比透明。小型结构材料。分为2栋）

5）可以在JR樱丘口相连一侧实现统一设计（特殊的房檐、顶棚）

（小岛一浩＋赤松佳珠子/CAt，
写于2012年3月15日）

左：从涩谷站东口望向涩谷Stream Hall。
即使地点分离，也可看到黄色扶梯的流线
右：在国道246号空中廊桥仰视

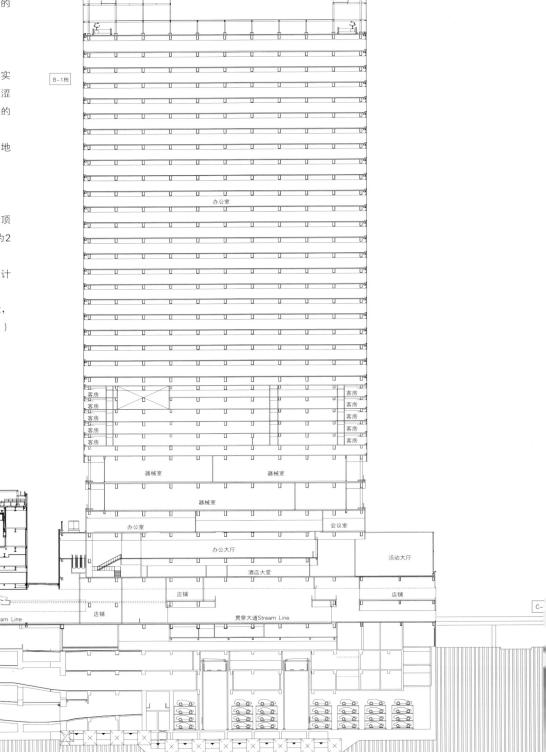

纵向剖面图 比例尺1：1000

020 |2018|11

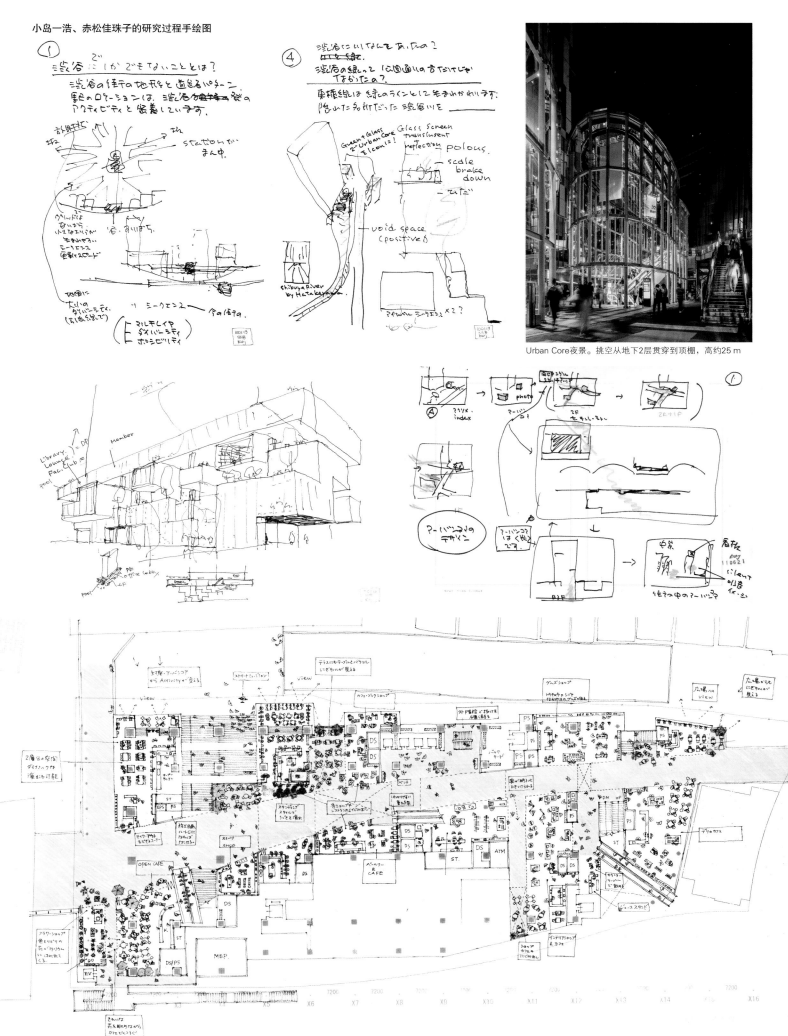

小岛一浩、赤松佳珠子的研究过程手绘图

Urban Core夜景。挑空从地下2层贯穿到顶棚，高约25 m

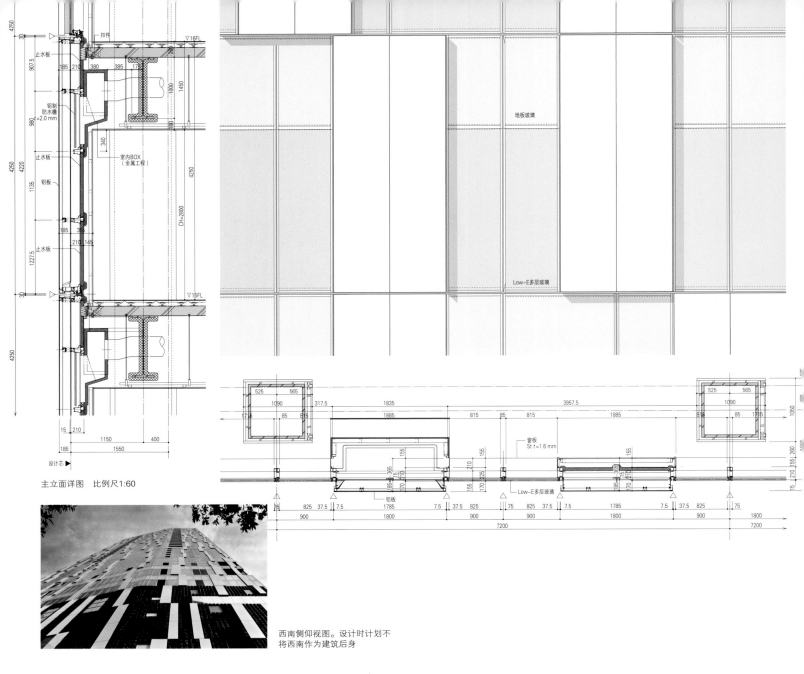

主立面详图　比例尺1:60

地板玻璃

Low-E多层玻璃

窗板
St t=1.6 mm

铝板

Low-E多层玻璃

西南侧仰视图。设计时计划不
将西南作为建筑后身

维修前（左），维修后（右）的涩谷川

创造新流线

　　该项目用地位于涩谷南侧，建于原东急东横线高架桥处，当时建有背对涩谷川的建筑群等，环境称不上良好。因东横线与副都心线相互开通直达线路并开展地下建设，高架桥用地及相邻的个人土地所有人以此为契机，通过共同合作推动开发该项目。建筑横跨多条道路，建筑之间的路面仿照铁路线形，用2层贯穿大道相连。涩谷处于谷地，为克服地形缺陷，计划将外观一目了然的Urban Core设为单栋，尝试将自然光引入地下。开发前，涩谷川因"黑、臭、脏"而被遗弃，官民合作建设壁泉，使水流复活流向南方，沿岸建设步行道，从而创造

出新的人流。为打造吸引人的商务环境，设施结构的中层部分设置可支持多种工作方式的交流设施和信息传播设施。

（大竹成忠／东京急行电铁）

实现空隙空间

　　作为一处由涩谷涌向代官山的长达600 m的人流据点，为实现创新概念的空隙空间，开设在建筑内贯穿大道上的店铺设置开放性门窗。由此，道路与店铺形成一体，轴线与空隙空间直接相连，增添城市活力。而且，原有东急东横线旧涩谷站的特征性形态和铁路构建用于各处，从而形成传承铁道记忆的空间氛围。

　　为城市再开发做出贡献，建设步行街网络，同时涩谷站街区（涩谷Scramble Square）与地下车道形成网络结构。本建筑的停车场入口也是涩谷站街区的停车场入口，旨在减轻涩谷站周边的交通

负荷。能源方面，涩谷站街区与热源相连，形成热融通，因此可以实现非单体的街区等级的平均化热供给。

主立面设计

　　外观随机设置白色镶板。超高层建筑外观墙面容易令人感到单调且具有压迫感，本建筑赋予其轻快的个性。白色镶板从玻璃面突起，通过形成阴影呈现随季节和时间变化的景像。镶板采用铝制，具有减轻热负荷、引入外部空气的功能。以柱子为中心，在其周围配备镶板，这种布局可以开阔视野，在办公区可以极目远眺。

（远藤郁郎＋酒井良仁／东急设计咨询）

办公层通过装有铝板的外壁侧面进行换气。
顶棚高度2800 mm

从5层的办公大厅看向活动大厅

5层办公大厅。西南侧集中设置设备区域，设计将办公层、酒店层的3面与外部相对

从4层酒店酒吧看向餐厅（左）、大堂（内）

酒店拐角客房视角

两张图片提供：涩谷Stream Excel酒店五条

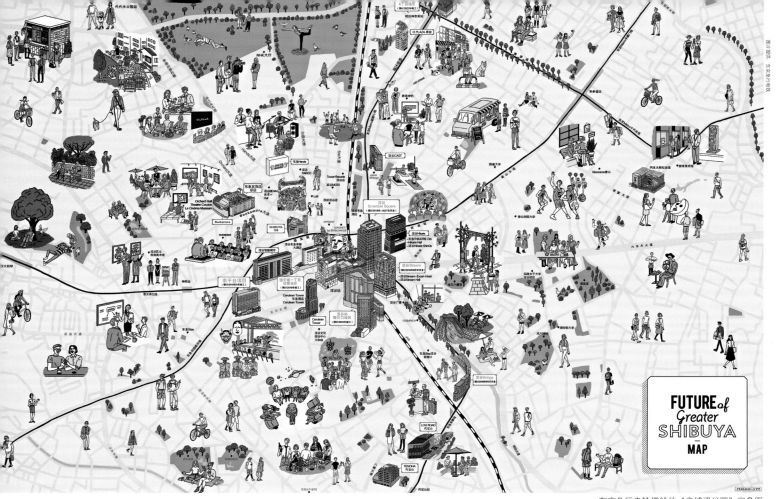

涩谷站南地区诞生新街区

随着东横线地下化，旧东横线涩谷站大厅及线路旧址逐渐被废弃，在这片地方开发出来的就是涩谷Stream与涩谷Bridge。官民合作建设的长约600 m的涩谷川沿岸步行街将这两个设施相连。目前为止，因国道246号线分割开来的涩谷站，在其站南一侧诞生了新的街区。沿着明治大道，通过涩谷Hikarie、涩谷Cast以及此次介绍的涩谷Stream和涩谷Bridge，青山、原宿、代官山、惠比寿等周边地区得以连接起来，形成富有个性和魅力的街区。东急集团不仅停留在开发涩谷中心街区，而是将再开发的中心地区设定为涩谷站前半径2.5 km的"广域涩谷圈"。目的在于提高其流通性，打造一处让人流连忘返的魅丽街区，将这里创造成一个可以引领世界并可向世界推广的商务文化创新活动舞台，实现人人皆可到访的快乐街区"Entertainment City SHIBUYA"。

（西泽信二／东京急行电铁）

左：涩谷Hikarie／右：涩谷Cast

左：沿涩谷川的步行街上的东南侧视角／右上：原东横线用地的步行街上，长椅采用旧的高架柱子，并列放置／右下：步行街在代官山方向与涩谷Bridge相连

涩谷Bridge

设计　东急设计咨询
施工　东急・大林建设工程企业联营体
所在地　东京都涩谷区
SHIBUYA BRIDGE
architects: TOKYU ARCHITECTS & ENGINEERS

A栋和B栋设有托儿所、便捷酒店、咖啡厅等，是一处全长180 m
的复合设施。2013年，东急东横线转为地下，该项目建于其线路
旧址，为官民合作的建设工程，与"涩谷Stream"（第4页）延伸
出的涩谷川沿岸步行街相连，底层设有咖啡厅等，希望该项目成为
涩谷与代官山之间地区活性化建设的起点

涩谷、代官山促成新的人流

涩谷Bridge项目是东京急行电铁为实现广域涩谷圈构想迈出的第一步。该项目位于涩谷、代官山、惠比寿的中间地带，在被人们忽视的地区建设核心设施，形成新的人流，将其连为一体，为街区增添一抹色彩。

涩谷Stream，当人们朝着代官山方向前行，走在官民合作建成的步行街上时，能够享受这段步行时光。涩谷Bridge采用与涩谷Stream相同的地板材料和柱子型号，在局部保持统一性的基础上，展现设计上的独具一格。

此次，涩谷与代官山以线相连。今后，为了将该地区的建设从线到面发展下去，需要进一步推进建设。

（疋田尚大／东京急行电铁）

打造独特风景线

该项目用地位于东急东横线的正下方，制订计划时需要充分考虑安全问题。为配合周围土地的利用情况，确保不超过隧道的负荷（8 t/m²），该项目采用钢筋骨架结构，设法控制其重量，如楼板使用轻量混凝土等。建筑形态继承原场地的地形，引入弧形线路，给步行者一种连贯的感觉。步行者可按照自己的节奏走在涩谷到代官山的道路上，享受四季变换的景色。希望这里能成为一个弘扬生活文化的新据点。

（东田佳丈／东急设计咨询）

（翻译：李佳泽）

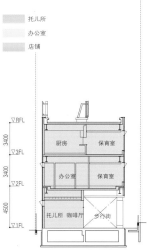

A栋剖面图　比例尺1:400　　　B栋剖面图

A栋1层咖啡厅。2、3层设有"涩谷东自然之国托儿所small alley"

A栋1层步行街。这里曾是东横线地下铁站台，保留人们对此地的记忆，将高架桥下方写有编号的柱子设计成白色

73

72

SHIBUYA BRIDGE

A栋3层保育室。顶棚铺网可以吊挂各种物件

A栋西侧夜景。玻璃窗在水平方向相连

B栋1层便捷酒店入口

B栋1层便捷酒店附设的咖啡店吧台

B栋便捷酒店客房

B栋东侧夜景。建筑依用地形状而建，呈曲线状

B栋便捷酒店走廊

B栋底间A栋，便捷酒店为艺术家免费提供房间，希望艺术家在停留期间进行创作或与酒店合作举办展览会、演唱会等，从而打造一个艺术家公馆

高架桥的外观设计

涩谷Bridge底层部分的外观设计旨在留下东横线在高架桥上贯穿的印迹，能让两代人共同保留一份记忆。线路从高架桥转到地下，将以前的高架桥历史印迹与现在的地铁印迹相融合，在各处使用铁路特有且不会褪色的指标性设计。高架桥的外观设计融入地铁隧道和站台的设计形式，希望来到涩谷Bridge的人能够意识到这里是一条从涩谷通向代官山的大道。

（川又祐介/Think Green Produce + 小笠原贤门/Tripster）

综合监修：东京急行电铁

设计：建筑·结构·设备·土木
东急设计咨询

制造：Think Green Produce

建筑设计指导：Tripster

施工：东急·大林建设工程企业联营体

■Mustard Hotel（便捷酒店）

内装设计：Tripster

内装施工：Benefit Line

■涩谷东自然之国托儿所small alley
（托儿所）

企划·监修：number of design and architecture

设计·监理：Field Design Architects

内装搭配＋可移动家具设计：设计事务所ima

内装施工：ZYCC

【A栋】

用地面积：724.29 m²

建筑面积：530.16 m²

使用面积：1280.09 m²

层数：地上3层 阁楼1层

结构：钢筋骨架结构

工期：2017年7月—2018年8月

【B栋】

用地面积：1132.17 m²

建筑面积：883.85 m²

使用面积：4361.55 m²

层数：地上7层

结构：钢筋骨架结构

工期：2017年4月—2018年8月

（项目说明详见第151页）

上：B栋3层屋顶露台。正面是代官山Log Road/下：南侧看向B栋。B栋南侧用作办公室

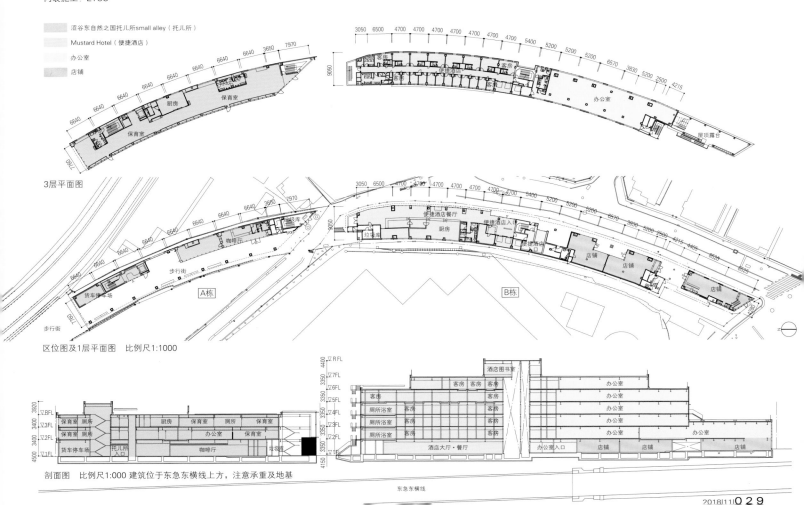

涩谷东自然之国托儿所small alley（托儿所）

Mustard Hotel（便捷酒店）

办公室

店铺

3层平面图

区位图及1层平面图　比例尺1:1000

剖面图　比例尺1:1000 建筑位于东急东横线上方，注意承重及地基

东急东横线

丰洲市场

设计　日建设计

施工　鹿岛・西松・东急・TSUCHIYA・岩田地崎・京急・新日本建设企业联营体（蔬菜水果楼）

　　　清水・大林・户田・鸿池・京急・钱高・东洋建设企业联营体（水产中间商市场楼）

　　　大成・竹中・熊谷・DAI NIPPON・名工・株木・长田建设企业联营体（水产批发市场楼）

所在地　东京都江东区

TOYOSU MARKET（TOKYO CENTRAL WHOLESALE MARKET）

architects: NIKKEN SEKKEI

由于筑地市场年代久远、设施老化，计划在筑地市场南2.3 km处建造一处新的大型批发市场，以销售来自日本各地的水产、果蔬。为加强食品卫生管理，新市场采用封闭式构造，确立一体化冷藏链。建筑中设有方便货物快速流通的专用通道，以保持食品新鲜。此外，配套建设了中转配送中心（用于向周边市场配送食材），为满足顾客需求设有包装加工设施，旨在将其打造成日本首都圈的核心市场

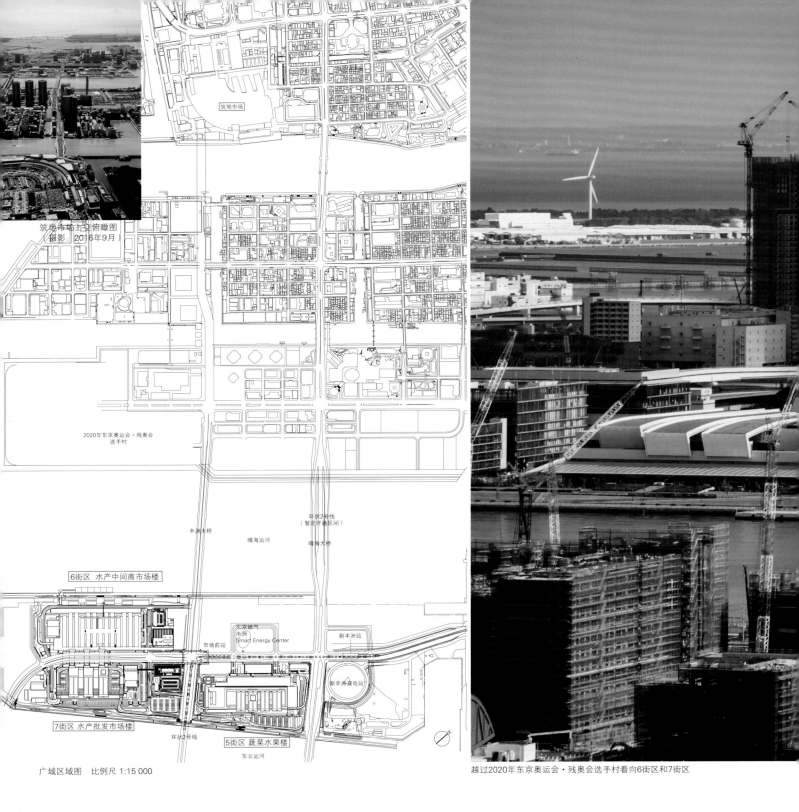

筑地市场上空俯瞰图
（摄影：2016年9月）

2020年东京奥运会·残奥会
选手村

环状2号线
（暂定开通区间）

丰洲大桥

晴海运河

晴海大桥

6街区 水产中间商市场楼

东京燃气
丰洲
Smart Energy Center

市场前站

新丰洲站

新丰洲变电站

7街区 水产批发市场楼

环状2号线

5街区 蔬菜水果楼

东云运河

广域区域图 比例尺 1:15 000

越过2020年东京奥运会·残奥会选手村看向6街区和7街区

引领时代的新型市场

　　由于筑地市场设施老化，为了使首都圈3300万消费者能吃上安全的生鲜食品，丰洲市场应运而生，这是销售来自日本各地水产及果蔬的大型批发市场。以筑地市场、大田市场为代表的传统批发市场为提高物流速度，采用了只有屋顶遮盖的半室外建筑结构，以便搬运车辆穿梭运行。但自20世纪90年代的O157事件（大肠杆菌感染事件）等食物中毒事件发生以后，消费者对食品的安全意识明显增强，建立了具有HACCP理念（HACCP即确保食品在生产、加工、制造、准备和食用等过程中的安

全，是危害识别、评价和控制方面的一种科学、合理、系统的方法）的安全机制，通过确立从生产地到消费者的一体化冷藏链（低温流通·低温加工），维持和确保食品质量。批发市场作为生鲜食品流通过程中的重要一环，如何确保食品质量、让消费者感到安心是一项重要课题。

　　另一方面，筑地市场继承了起源于江户初期的日本桥鱼市，以及京桥的鱼类·蔬菜市场的传统，与银座及日本桥等地的饮食店形成了牢固的纽带关系。巴黎的Rungis市场以及纽约的Fulton鱼市，都将原址搬迁至临近高速公路、用地开阔的郊外。筑

地市场也意识到了这一点，计划将其搬迁至在原址南2.3 km处的丰洲，但由于建筑用地被划分为3个街区，使得用地面积减少，为提高土地使用率而选择了立体式建筑形态。此外，近年来为减少从生产地至商品市场的运输成本，人们逐渐摒弃了以往从生产地逐一运往各地市场的分散运输方式，而采取从生产地统一运往大城市据点市场（批发市场）的集中运输方式。虽然筑地市场也承担了中转运输的功能（将生产地运输过来的货物进行分类并运往周边市场），但以首都圈核心市场为定位的丰洲市场，对这一功能做了进一步的补充和完善。不仅配套建

设了负责向周边市场运输货物的中转配送中心，还设置了能满足客户多样需求的包装加工设施，旨在改善逐渐下降的市场交易量。

为应对全新的市场功能和物流的变化，丰洲市场采取了车辆无法进入的封闭式建筑结构。同时为了确保食物品质，将隔热保冷和HACCP理念融入到设计过程中。

此外，为提高立体式建筑中的物流速度，引入交叉坡道、搬运车辆专用斜坡和物流机器等设施。丰洲市场将批发市场、新型物流中心、食品加工厂、冷冻冷藏库等功能融为一体。

丰洲市场坐落于东京港向外延伸的半岛上，由于临近海边，选择在3个街区中统一采用与大海相呼应的环状屋顶设计。长长的建筑主立面象征东京都的城市规模，而将其分成几个节段，又能为东京港增添别样风情。

此外，筑地市场通过长年累月的历史积淀，已成为日本饮食文化的象征，形成了独有的"筑地品牌"，吸引了无数国内外游客。

丰洲市场也将继承这一"品牌"，成为人人喜爱的新一代批发市场。

建筑内部墙壁上装饰着以江户文化为主题的花纹，设置了参观人员专用通道，水产中间商市场楼上建造了开放式绿化屋顶，通过这一系列举措，意在将丰洲市场打造成兼具市场功能和东京观光新据点功能于一身的新型市场。

与传统市场大不相同，集各类功能于一体的丰洲市场，已于2018年10月份迎来首次开市，我们期盼它能成为未来批发市场建筑形态的先驱。

（西村真孝/日建设计）

（翻译：汪茜）

6街区水产中间商市场楼正门，由人行通道和转叉式堆高机通道构成　　6街区水产中间商市场楼，从人行通道通向屋顶步行道的楼梯·升降机轴

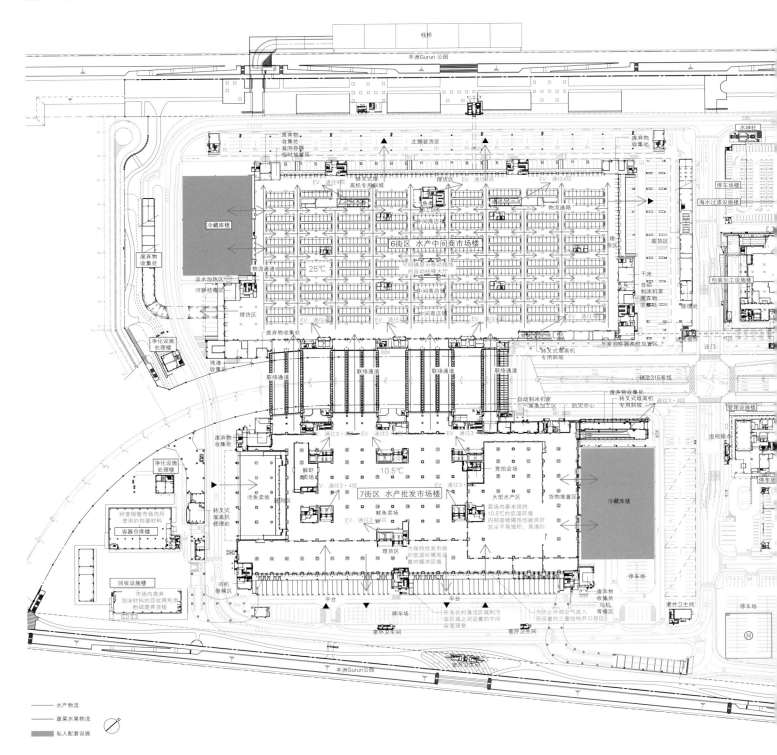

栈桥

丰洲Gururi 公园

废弃物收集处
发泡容器临时放置区

北侧装货区

废弃物收集处

水神社

停车场楼

海水过滤设施楼

EV·通往4层
EV·通往4层
EV·通往4层
转叉式堆高机专用斜坡
理货区
物流通路

冷藏库楼

废弃物收集处

6街区　水产中间商市场楼

装货区

包装加工设施楼

干冰自动制流机室
废弃物收集处

物流通道

淡水加热区
河鲀祛毒区

中间商店铺

25℃

可明确显示移动路线的自动扶梯大厅

中间商店铺

理货区

理货区

净化设施处理楼

中间商店铺

EV·通往4层
EV·通往4层
EV·通往4层

发泡容器燃航放置区

转叉式堆高机专用斜坡

正门

残渣收集处

废弃物收集处

联络通道
联络通道
联络通道
联络通道

辅助315号线

管理设施楼

自动制冰机室
蟹类加工
防灾中心

废弃物收集处
转叉式堆高机专用斜坡

通往3·4层

废弃物收集处

EV·通往3

EV·通往3

EV·通往3

巡视据点

净化设施处理楼

活鱼卖场

鲜虾卖场

陈列区

10.5℃

竞拍会场

大型水产区

货物堆置区

冷藏库楼

停车场楼

经营销售市场内所使用的包装材料
容器仓库楼

转叉式堆高机修理处

7街区　水产批发市场楼

EV·通往3·4层

鲜鱼卖场

EV·通往3层

EV

卖场内基本保持10.5℃的低温环境内部装修隔热性能良好尘灰不易堆积、易清扫

理货区

为保持批发市场10.5℃的低温环境而设置的暖冲区域

回收设施楼

市场内废弃泡沫材料的回收再利用粉碎废弃货板

司机等候区

平台

平台

平台

废弃物收集处
司机等候室

室外卫生间

停车场

停车场

停车场

室外卫生间

室外卫生间

在各处的清洁区域和污染区域之间设置的中间屋管理室

为防止外部空气进入而设置的三重结构开口部位

H

丰洲Gururi公园

—— 水产物流
—— 蔬菜水果物流
■ 私人配套设施

区域图兼1层平面图　比例尺 1:3000

6街区的绿化屋顶视角。广场中间的缝隙部分便于1层中间商店铺内的金枪鱼冷柜室外机排热，以及满足4层零售区的自然采光、自然换气

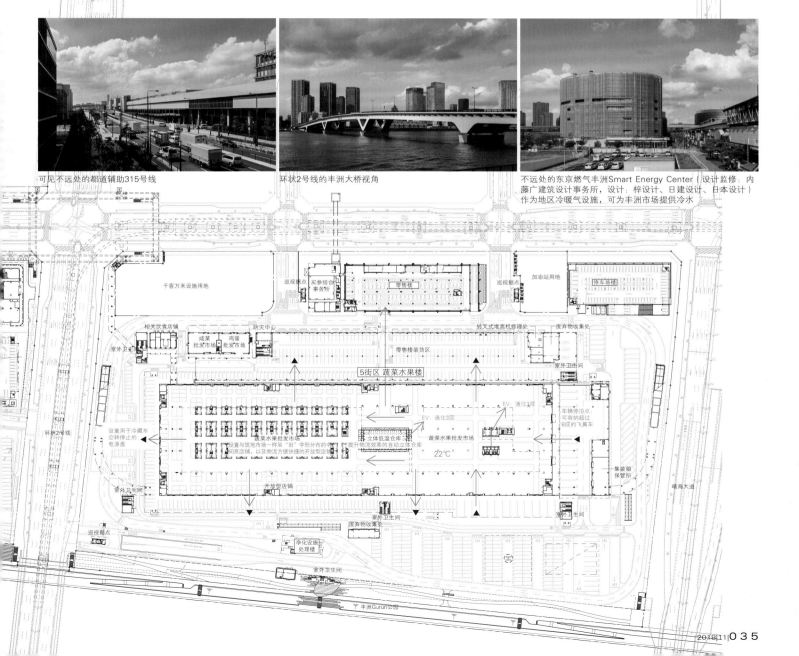

可见不远处的都道辅助315号线

环状2号线的丰洲大桥视角

不远处的东京燃气丰洲Smart Energy Center（设计监修：内藤广建筑设计事务所，设计：梓设计、日建设计、日本设计）作为地区冷暖气设施，可为丰洲市场提供冷水

7街区水产批发市场楼外观。由于项目选址临近海边，为
防止强风对内部作业造成干扰，本项目以在各功能区大楼
设置防风墙及建造一体化大屋顶作为设计原则

上：7街区水产批发市场楼1层水产批发处，金枪鱼竞拍会场。墙壁和天花板采用厚度为42 mm的防燃隔热壁板，地面铺设厚100 mm的隔热材料。绿色的地面和暖色灯光便于鉴别金枪鱼等级。
参观人员可透过2层的玻璃窗观看竞拍场景，内侧墙壁上装饰着日本传统花纹样式/左下：竞拍金枪鱼的场景/右下：为保持内部10.5 ℃的环境将物流通道作为缓冲区域

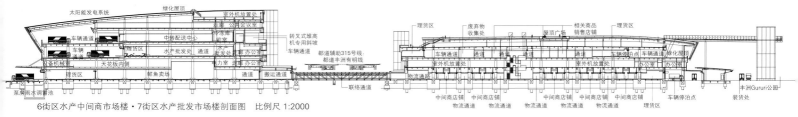

6街区水产中间商市场楼·7街区水产批发市场楼剖面图　比例尺 1:2000

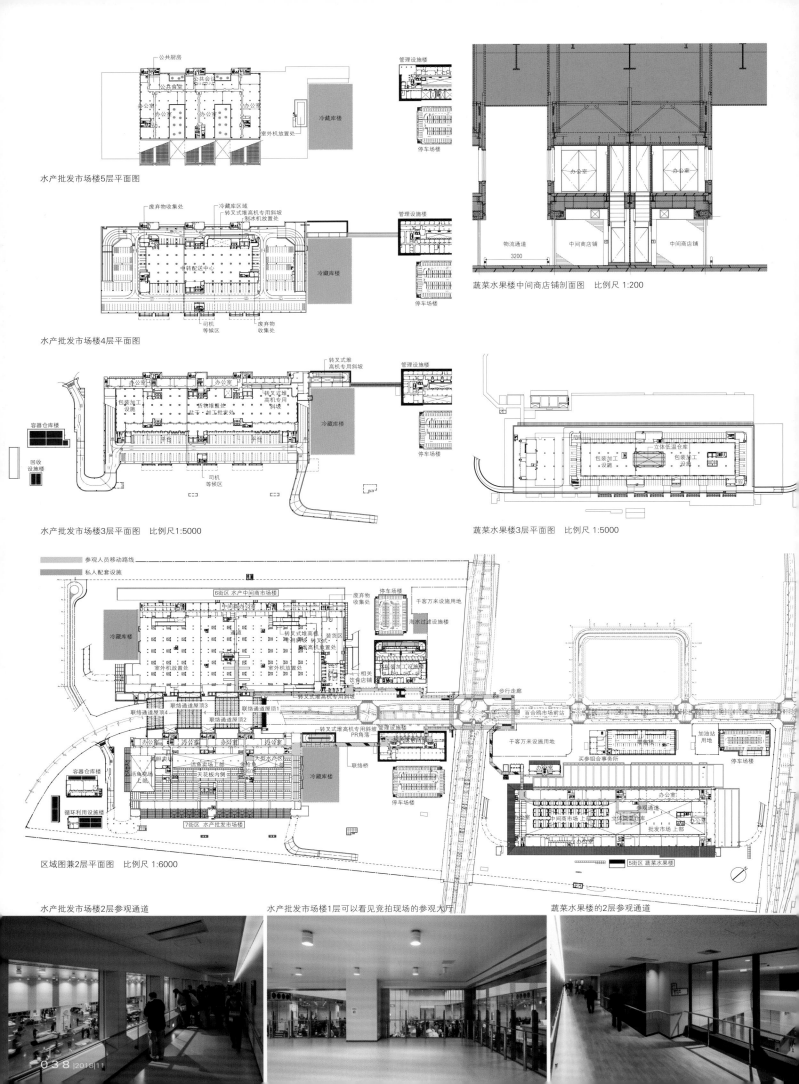

水产批发市场楼5层平面图

公共厨房
公共会堂
公共会议
公共食堂
办公室
办公室
办公室
室外机放置处
冷藏库楼

管理设施楼
停车场楼

水产批发市场楼4层平面图

废弃物收集处
冷藏库区域
转叉式堆高机专用斜坡
制冰机放置处
中转配送中心
司机等候区
废弃物收集处

管理设施楼
冷藏库楼

停车场楼

蔬菜水果楼中间商店铺剖面图　比例尺 1:200

办公室　办公室

物流通道　中间商店铺　中间商店铺
3200

水产批发市场楼3层平面图　比例尺1:5000

办公室　办公室
转叉式堆高机专用斜坡
转叉式堆高机专用制坡
包装加工设施
货物堆放处
盐干·加工批发处
斜坡
司机等候区

容器仓库楼
回收设施楼

管理设施楼
冷藏库楼
停车场楼

蔬菜水果楼3层平面图　比例尺 1:5000

包装加工设施
立体低温仓库
包装加工设施

区域图兼2层平面图　比例尺 1:6000

参观人员移动路线
私人配套设施

6街区 水产中间市场楼
中间商办公室
冷藏库楼
室外机放置处
转叉式堆高机专用制冰机放置处
室外机放置处
联络通道屋顶4
联络通道屋顶3
联络通道屋顶2
联络通道屋顶1
办公室　办公室　办公室　办公室
活鱼卖场楼
活鱼卖场楼上部
大型水产区
天花板内侧
容器仓库楼
循环利用设施楼
7街区　水产批发市场楼
联络桥
转叉式堆高机专用斜坡
PR角落
管理设施楼
冷藏库楼
停车场楼

废弃物收集处
停车场楼
千客万来设施用地
消水过滤设施楼
相关饮食店铺
转叉式堆高机专用斜坡
步行走廊
百合鸥市场前站
千客万来设施用地
买参组合事务所
加油站用地
停车场楼
办公室
参观通道
中间商市场上部
立体低温仓库
批发市场上部
办公室

5街区 蔬菜水果楼

水产批发市场楼2层参观通道

水产批发市场楼1层可以看见竞拍现场的参观大厅

蔬菜水果楼的2层参观通道

蔬菜水果楼1层中间商店铺，与筑地市场一样呈"田"字形分布

蔬菜水果楼1层批发市场，2层的通风口设置大型空调设备（制冷范围可达到地面以上3 m），可有效将大空间内的温度控制在22℃以下

■蔬菜水果楼

设计：日建设计

施工：鹿岛・西松・东急・TSUCHIYA・岩田地崎・京急・新日本建设企业联营体

用地面积：120 925.63 m²

建筑面积：55 912.8 m²

使用面积：93 768.71 m²

层数：地上3层

结构：钢筋骨架混凝土结构　部分钢筋骨架结构　部分钢筋混凝土结构

工期：2011年3月—2016年10月

*摄影：日本新建筑社摄影部

（项目说明详见第162页）

从丰洲Gururi公园看向6街区水产中间商市场，该市场与屋顶广场相连

■水产中间商市场楼

设计：日建设计

施工：清水·大林·户田·鸿池·京急·钱高·东洋建设企
业联营体

用地面积：131 793.02 m²

建筑面积：70 305.09 m²

使用面积：176 658.39 m²

层数：地上5层

结构：钢筋骨架混凝土结构　部分钢筋骨架结构

工期：2011年3月—2016年10月

*摄影：日本新建筑社摄影部（项目说明详见第152页）

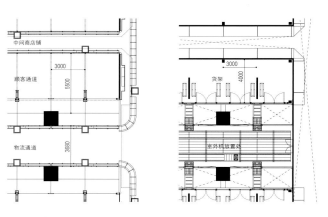

水产中间商市场楼4层平面图　比例尺1:5000

左上：水产中间商市场楼1层中间商店铺内部的物流通道，室外机等设备置于物流通道之上，可
有效利用空间/右上：水产中间商市场楼1层中间商店铺的顾客通道

水产中间商市场楼1层中间商店铺和物流通道，3层的静压箱层有效调节该层的室内环境

水产中间商店铺1层平面图　比例尺1:300　　水产中间商店铺2层平面图

水产中间商店铺剖面图　比例尺 1:200

左上：水产批发市场楼3层鲜鱼卖场/左下：水产批发市场3层，小沙丁鱼卖场设置通风管道式低温空调设备以防空气干燥/右：水产批发市场楼4层中转配送中心停车处，上面覆盖兼具防风功能的大屋顶

危害防范设计和确保食物品质的温度管理

通过灵活运用项目建筑的封闭式结构特性，将其划分成清洁区域和外部区域（污染区域），以保持整体的清洁度。并在此基础上进行一系列防范设计：为防止垃圾和灰尘堆积，对天花板做了特殊处理；进场之前需要在入场管理室对双手和鞋底进行消毒处理，以防有害物质进入场地；内部统一采用自动门，防止人员进出时因接触门把手而产生交叉污染。

提升垂直方向货物搬运的能力

市场内部从进货到出货均采用单向（线条式）的物流动线。而对于垂直方向的物流，通过引进货物电梯、垂直搬运机等机器，以及设置大型货运车辆专用交叉坡道、电动搬运车专用斜坡等物流通道，构建高效的内部物流系统。

（西村真孝/日建设计）

■水产批发市场楼
设计：日建设计
施工：大成·竹中·熊谷·DAI NIPPON·
　　　名工·株木·长田建设企业联营体
用地面积：135 802.65 m²
建筑面积：48 404.61 m²
使用面积：124 672.62 m²
层数：地上5层
结构：钢筋骨架混凝土结构　部分钢筋骨架
　　　结构　部分钢筋混凝土结构
工期：2011年3月—2016年10月
*摄影：日本新建筑社摄影部（项目说明详
　见第153页）

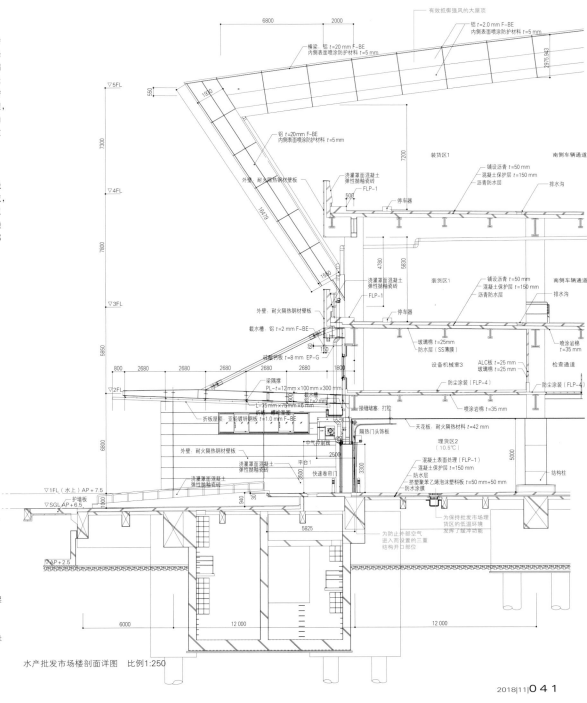

水产批发市场楼剖面详图　比例1:250

大手町 Place

基础设计　日本设计
基础设计·实施设计监修　日本设计·NTT FACILITIES企业联营体
实施设计　日本设计（West Tower East Tower地下结构）　大林组一级建筑师事务所（East Tower）
施工　竹中工务店　大林组
所在地　东京都千代田区
OTEMACHI PLACE
architects: NIHON SEKKEI · OBAYASHI CORPORATION · NTT FACILITIES

南侧景观。将低层区域设计成相互连接的一体式结构。水平廊檐、圆形支柱以及支柱外露形式的幕墙，彰显了通信【通信，指日本"通信省"（现在的邮政省），其徽章和邮政符号为"〒"，在项目建筑中该部分结构形似"〒"】建筑的内涵，上端廊檐的房檐高度约为19 m

西南侧景象。West Tower（近处）和East Tower（远处）的低层区域相连。West Tower高层区域的南侧及中间的设计被切换成百叶窗形状，通过调整采光方式使得整个巨大的墙壁被分成"两节"

从西南侧俯瞰下沉式庭园和广场。地下与地上的广场呈立体连接。
西南侧入口前摆放的是杉本博司的"日晷·2018"（设计监理：
新素材研究所）

3层West Tower的办公室门厅。约1100 ㎡的开阔大空间内摆放了各类家具

俯瞰连接办公室门厅和中央长廊（central promenade）的中央大厅，挑空处设置的艺术作品是西野康造的"Spanning Space"

从下沉式庭院看向交叉路口。在大手町中心地段创造出被廊檐、绿植以及店铺包围的休憩场所

创造出与大手町新面貌相匹配的热闹空间

项目建筑看似两栋大楼，实为低层区域相互连接的一体化建筑。本建筑以增强大手町的国际商务中心功能（在都市再生特别地区提案中提及）为着力点，在低层区域设有可发挥其业务功能的国际会议·IDC。此外，还一并设置了可确保高度自立性能的热电联产系统（CGS）和紧急发电设备，业务持续性计划（BCP）战略对策也被纳入其中，旨在将其打造成新型商业据点。

在规划之初，这片街区的地理位置（位于大手町中心区域的边缘地带）就成了讨论的焦点。结合其独特的地理位置，做出如下平面规划：建造能够充分确保其规模、纵深的办公大楼；West Tower与繁华大街——大名小路相对；East Tower具有开阔视野，可越过铁路和首都高速公路一览街区全貌。

规划在低层区域创造出新型空间，将办公室门厅拔升至3层，其下楼层作为连接大手町中心区域和神田、日本桥等地的联络空间，通过在中央部位设置中央大道，沿线汇集各类店铺，打造热闹繁华的公共区域。

中央大道的起点处设有下沉式庭院，用一片生机盎然的绿色空间连接大手町地铁通道和地上区域。神田区域的阶梯花园与大手町河畔林荫道一起，给这片区域带来了勃勃生机。此外，内部设有人人都能使用的休闲空间，将中央大道打造成办公室职员的第三空间，立体的交错空间作为超高层大楼内部的繁华巷道，被多数办公室职员使用。

3层门厅作为连接两栋大楼的大空间，其内部装饰因大楼外观不同而相应发生改变。东西两个入口统一采用富有光泽的白色花岗岩装饰，展现出大

手町独有的高雅格调。

将递信建筑的印记投射到新的街区面貌之中

项目建筑作为一体化建筑，其外部装饰和低层区域采用统一设计。以计划初期诞生的概念为基础，汇集了各类设计方案，对设计方案的精益求精使得两栋大楼在细节部分也达到了统一。

这片区域曾汇集了东京邮局办公楼、递信大楼等有着"递信建筑"之称的建筑群。随着近代建筑理论的发展，人们开始追求能形成阴影的混凝土水平廊檐、明柱墙以及圆柱等日式建筑结构。此外，在瓷砖等细节方面能感受到工匠的高超技术，本次项目意在将这类递信建筑所蕴含的精神内涵作为建筑的记忆传承下去。

低层区域采用现代化结构方法和材料。为展

现既有浓郁的日式风格又时尚新颖的特点，筑造了鳞次栉比的房屋建筑。大屋檐之下是内外相连的一体化空间，孕育出各式各样的繁华景象。其上方的高层区域采用玻璃幕墙和铝制百叶窗的外部装饰，在有效应对热负荷的同时，沿袭了递信建筑的基础格调，简单细腻的设计使该建筑具有鲜明的个性特征，在大手町超高层建筑群中脱颖而出。

成为大手町据点的West Tower

West Tower与繁华大街——大名小路相对，在保证人流量的同时提高了大楼的格调。此外又与对面的东京产经（Sankei）大楼相呼应，拓展了交叉路口四周大手町据点的范围。通过在此建造店铺林立、绿意盎然的下沉式庭院，不仅能够连接地下和地上区域，还能为在街区中心工作的办公室职员提供一处放松身心的休息场所。

此外，大楼内部也和递信建筑一样，追求日式手工的质感以及舒适的体验。电梯前厅和轿厢的内部装修有着纸张和漆器一般的质感，同时又包含了对内部容纳合理性的考量。从低层区域的结构至细节之处的精心设计和考究在West Tower中展现得淋漓尽致。

（崎山茂+笠卷正弘/日本设计）

（翻译：汪茜）

基础计划：日本设计
基础设计：日本设计·NTT FACILITIES企业联营体
实施设计：West Tower：日本设计
　　　　　East Tower：大林组一级建筑师事务所（地下结构：日本设计）
实施设计监修：日本设计·NTT FACILITIES企业联营体
施工：West Tower：竹中工务店
　　　East Tower：大林组
用地面积：19 898.68 m²
建筑面积：13 668.48 m²
使用面积：353 830.54 m²（West Tower：201 467.30 m²
　　　　　East Tower：152 363.24 m²）
层数：West Tower：地下3层 地上35层 阁楼2层
　　　East Tower：地下3层 地上32层 阁楼1层
结构：钢筋骨架结构 部分钢架钢筋混凝土结构 部分钢筋混凝土结构
工期：2015年5月—2018年8月
摄影：日本新建筑社摄影部（特别标注除外）
（项目说明详见第154页）

大手町Place北侧景象。左侧是架设在日本桥河上的龙闲樱桥，其上方是首都高速公路，左侧建有JR的高架桥

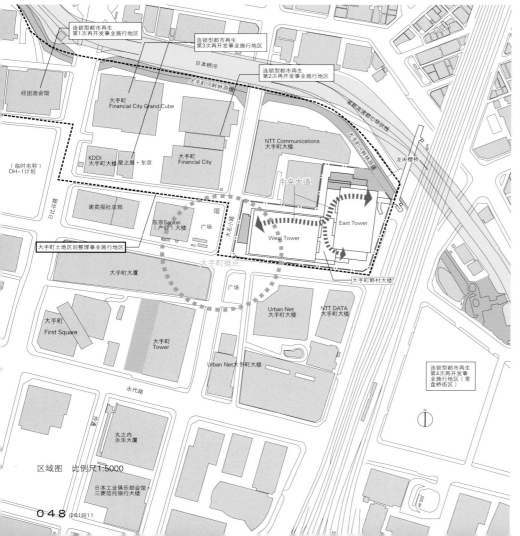

区域图　比例尺1:5000

区域图　比例尺1:20 000

东侧俯瞰图。位于中央的大手町Place，左侧为东京站，可看见远处的皇居

将地区和人"连接"起来的街区兴建计划

大手町二丁目地区位于大手町地区的东北端，这里曾先后建有明治时期的大藏省印刷局，昭和时期的东京都邮政局办公楼（1962年）、遁信综合博物馆（1964年）等遁信建筑。但随着日本邮政公社（当时）东京支社的搬迁以及建筑设施老化，2008年起相关人员便开始就如何提高街区利用率这一话题展开讨论。

由于提高公共土地所有人的资产利用率具有高度的公共性，2011年9月，土地所有人之间缔结了《再开发协定》，代表实施的都市再生机构作为公平中立的第三方，在推行实施街区再开发一事上达成一致。由此，对于都市再生特别地区的具体内容、再开发事业详细框架的探讨及相关人员之间缔结的协议得到正式确认。

该地区地理位置优越，西南端与大手町的门户相接，北临日本桥区，东接神田区以及即将开发的常盘桥地区。大手町街区建设委员会提出的优先计划——"大手町街区兴建伟大构想"中，也将该区定位为据点交通枢纽的重要组成部分。设计方案的重要理念在于将地区、人、历史三者相融合。为将这一理念具象化表现出来，在日本桥河上方架设了作为地区贡献设施的人行桥——龙闲樱桥，该地区与日本桥、神田地区相邻，在此基础上通过建造通往大手町站的地下通道，并连接已有的地下交通网络，形成大手町地区整体的步行交通网络。

连接方式的具象化

该建筑西南端的地下2层和地下通道相连，东北端的2层与人行桥连接。在实施计划过程中，如何在有效疏导设施用地和建筑内部人流量的同时，营造出繁华热闹的氛围成为重要课题。其中，通过探讨建造既能确保地上与地下区域的移动路线、又能作为休息场所的下沉式庭院，以及第2层中贯穿建筑内部的中央大道，确定了"将低层区域作为公共空间对外开放，3层以上空间定为办公区域"的基本框架。

项目用地北侧的广场（位于龙闲樱桥一端），与日本桥河沿岸人行道——大手町河畔林荫道相连。该广场采用了与林荫道相同的铺装方法，使二者统一成一个整体，意在将林荫道上的人流自然地引入建筑内部。

由于人行桥邻近首都高速公路和JR的高架桥，很难通过吊车进行施工，于是采用在岸上的支架上拼装钢梁，借助千斤顶进行架设的"拖拉架设施工法"。

该地区与周边地区的有效连接，提升了大手町作为国际商业战略据点的价值。

（岩崎信昭/都市再生机构）

左：东南侧景观/右：从大手町河畔林荫道看到的景象，地面统一铺装，道路和广场无缝衔接

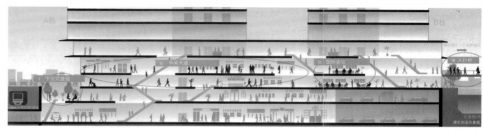

将地下通道和人行桥立体连接的剖面结构图

未来的魅力商业中心·大手町的延续

大手町二丁目地区曾汇集了一系列公共机构，如明治时期的大藏省印刷局、遁信省，昭和以后的邮政局和电报电话公司，以及一直支撑日本社会基础设施的公共机构。

对这些残留着都市记忆的场所进行再开发，我们作为共同实施方参与其中，以"使社会更加美好，用新型连接关系改变街区，改变商业"为开发理念，与土地所有人就此次开发对人、对街区，进而对地区和社会能做出何种贡献展开了深入的探讨。首先，将街区（用地面积2万平方米）·建筑物（地下2层至地上3层）对广泛区域和人群开放，用大手町迄今为止从未有过的标准创造出"真正意义上的公共空间"。在连接大手町和神田区的新路线上，巧妙地设置了店铺、艺术品、花草植物以及照明灯光，员工和来访人员能够根据地点和季节选择不同空间消磨时光。

尤其是在2层中央大道沿线名为"Port"的休闲空间中，配备了电源和Wi-Fi环境，为人们提供了可自由使用的第三空间，也使该区域能够适应多样化的工作方式。

此外，大手町最大规模的大手町Place shop & restaurant以"连接人与人，创造新风尚"为理念，开设了多种多样的店铺，也定期展开以音乐为主题的活动，不论是硬件设施还是文化活动，都展现了其作为大手町新型公共社区场所的独特魅力。

"大手町Place"这一名称包含了多种内涵。作为商业区域，它是将人、物、信息与本地，进而与全球连接起来的场所；作为公共区域，它是跳出了建筑内部局限向街区开放的场所；同时为了使它与人、与地区、与时间的联系能向未来延伸，又是将大手町历史、风格融入设计的新型建筑。作为连接人与地区，同时又能超出时间限制对社会做出重要贡献的"大手町Place"，在今后的日子里会与相关人员一起实现它的使命。

（筱原宏年+东田中成佳/NTT都市开发）

上：东北侧上空看到的1962年建筑用地的景观。画面左侧是东京邮政局办公楼（设计：邮政大臣官房建筑部），右侧是动工前的遁信大楼建筑用地，左侧远处是东京中央电信局（1925年）/下：西南侧看到的遁信大楼（设计：邮政大臣官房建筑部），其内侧是东京邮政局办公楼的延伸

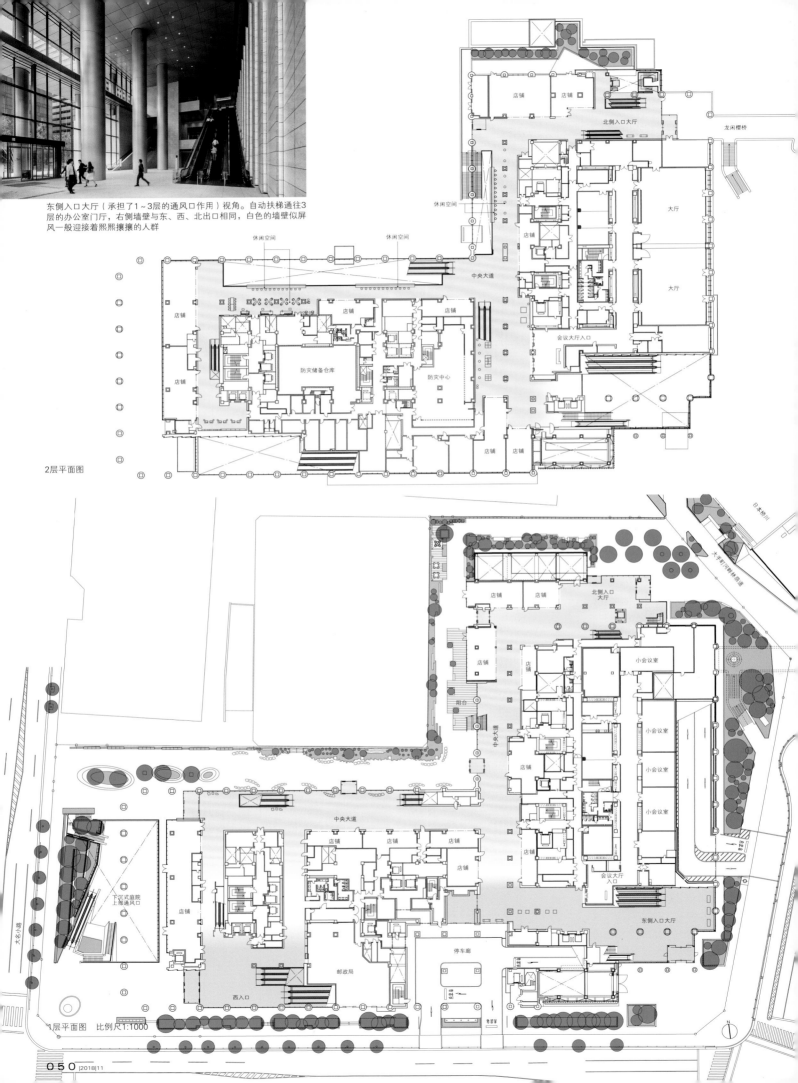

东侧入口大厅（承担了1~3层的通风口作用）视角。自动扶梯通往3层的办公室门厅，右侧墙壁与东、西、北出口相同，白色的墙壁似屏风一般迎接着熙熙攘攘的人群

休闲空间　　　　　　　休闲空间

店铺

店铺

店铺

防灾储备仓库

防灾中心

2层平面图

店铺　店铺

北侧入口大厅

龙闲樱桥

休闲空间

大厅

大厅

中央大道

店铺

会议大厅入口

店铺　店铺

日本桥川

大平町河畔树林荫道

店铺　　店铺

北侧入口大厅

小会议室

店铺

阳台

小会议室

店铺

中央大道

小会议室

店铺

小会议室

店铺

中央大道

会议大厅入口

店铺　店铺　店铺

店铺

下沉式庭院上部通风口

店铺

店铺

店铺

东侧入口大厅

大名小路

停车廊

邮政局

西入口

1层平面图　比例尺1:1000

贯穿街区的2层中央大道，大道沿线不仅设有各类店铺，还计划建造一个人人皆可利用的休闲空间，由职员营造热闹的氛围，闪耀着金色光辉的特制瓷砖，将人们引向大道深处

左上：从中央大道纵览大名小路方向/右上：回望中央大道/左下：建筑外部设置的座椅。与邻近建筑之间的通道被设计成开放空间，以此来提高街区整体的回游性/右下：从北侧看到的中央大道

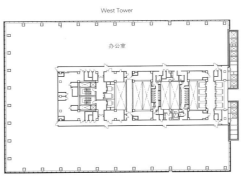

East Tower

West Tower

办公室

办公室

标准层平面图

上：邮政局办公室。以原建筑中使用的三角形瓷砖为主题，
并在此基础上进行再设计，照明设施沿用改造前的已有设施
下：3层办公室。方格状的天花板仿佛由一张张邮票排列组成

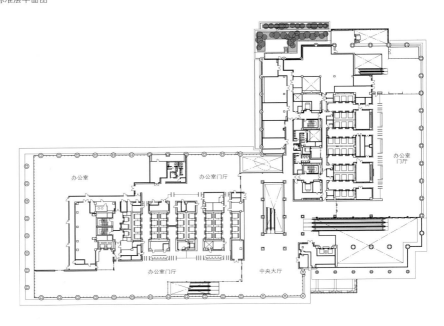

办公室

办公室门厅

办公室
门厅

办公室门厅

中央大厅

3层平面图

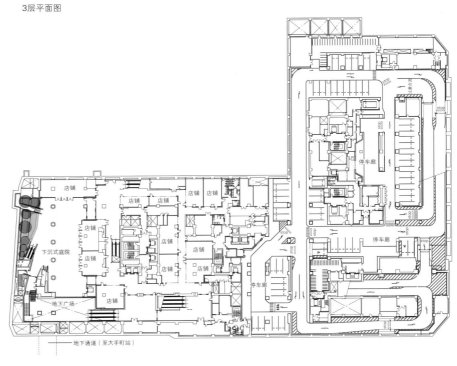

店铺

店铺 店铺

店铺 店铺

店铺

店铺

店铺

下沉式庭院

店铺

店铺

店铺

停车廊

停车廊

停车廊

地下广场

地下通道（至大手町站）

地下1层平面图　比例尺 1:1500

上：会议大厅
下：会议大厅入口

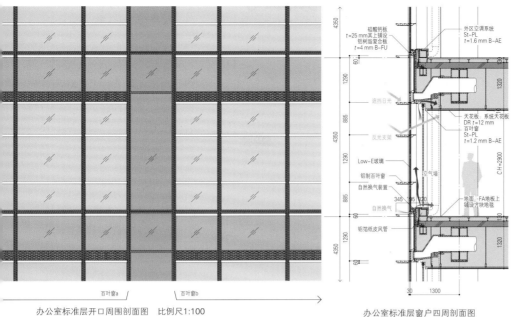

上：水平铝制百叶窗近景
下：从East Tower办公室看到的景象

办公室标准层开口周围剖面图　比例尺1:100

办公室标准层窗户四周剖面图
（West Tower南面）
比例尺 1:100

硅酸钙板
t=25 mm其上铺设
铝树脂复合板
t=4 mm B-FU

外区空调系统
t=1.6 mm B-AE

遮挡日光

天花板、系统天花板
DR t=12 mm
St-PL
t=1.2 mm B-AE

反光支架

Low-E玻璃
铝制百叶窗

自然换气装置

自然换气

地面
FA地板上
铺设开块地毯

铝箔纸皮风管

百叶窗a　　百叶窗b

百叶窗a详图　比例尺1:8　　百叶窗b详图　比例尺1:8

为了使百叶窗在遮挡日光的同时又看起来轻便，将其分割成三个小部分。对
细微之处的精心考究，赋予了幕墙多样化的表情，两种不同形状的结构，让
反射光线产生微妙变化，使得整个墙面被柔和地分成两个部分

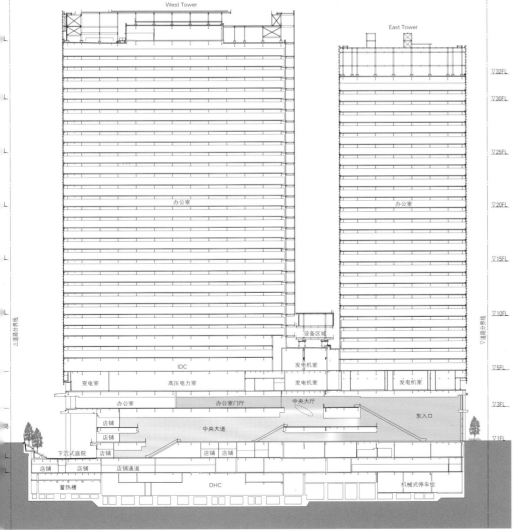

剖面图　比例尺1:1500

全馆避难安全验证和百叶窗性能验证

East Tower高层区域办公场所的设计以日式
风格为基础。四个电梯间分别以春、夏、秋、冬为
主题，用四季的不同色彩进行装饰，此外，其素材
也采用了传统日本纸、织物的纹理，充分体现了日
式风格。

East Tower低层区域的会议中心，由750 m²
的大厅和100 m²的前后小会议室组成，可根据会
议规模灵活选择。以"继承逓信建筑精神"为理念，
对天花板、墙壁、地面等的功能设计进行升级，内
部装饰由高雅且匀称的素材构成，以此创造出颇具
大手町风格的高格调空间。

大手町Place整个建筑（包含East Tower、
West Tower）都通过了全馆避难安全验证（Route
C）。其验证方法并非一般意义上的公告方法，而
是在全体范围内采用由大林组开发的验证方法。通
过该方法，可有效提高专有部门内部单个房间的数
量以及隔墙的自由度。关于两栋大楼中颇具特色的
高层区域的百叶窗，在大林组技术研究所通过了对
风声、雨滴声、积雪声的隔音性能试验。

（小林浩+白嵜宏明/大林组）

札幌创世广场

设计　日建设计・北海道日建设计企业联营体
施工　大成建设・岩田地崎建设・伊藤组土建・岩仓建设・丸彦渡边建设企业联营体

所在地　北海道札幌市中央区
SAPPORO SOSEI SQUARE
architects: JOINT VENTURE FOR ARCHITECTURAL DESIGN WORK
　　　（NIKKEN SEKKEI / HOKKAIDO NIKKEN SEKKEI）

东南侧俯瞰图。札幌创世广场建于札幌创世1.1.1区内，是一个集剧场、交流中心、图书信息馆、电视台、办公楼于一体的多功能建筑。札幌创世1.1.1区地处大通公园与创成川的交会处，附近有电视塔、钟塔等著名旅游景点，于1990年计划开发。本次的札幌创世广场项目是札幌创世1.1.1区内最早实施的大规模再开发项目

西南侧全景。西侧为高124 m的高层建筑，由电视台和办公楼组成。东侧为高66 m的低层建筑，内设剧场、图书馆等设施。考虑到札幌冬天有积雪，设计师没有在大厦外部安装屋檐和百叶窗，最大限度地打造平整外观

从3层看向SPARTS购物商场。建筑展现了以"札幌的形态"为主题的艺术，建筑与艺术浑然一体。3层是多功能室内广场，采用"室内中庭"设计，可以举办作品展和其他活动。市民无需出馆，便可直接进入地下步行通道。

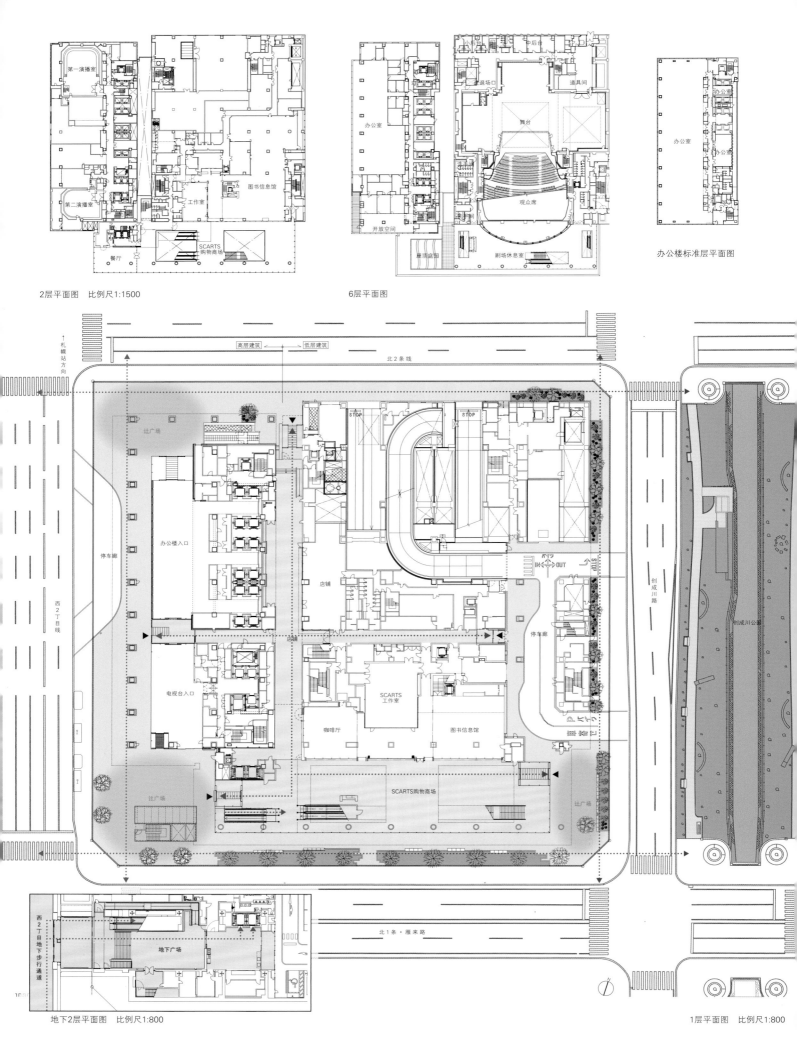

第一演播室

第二演播室

餐厅

工作室

图书信息馆

SCARTS购物商场

2层平面图　比例尺1:1500

办公室

舞台

观众席

开放空间

展顶底园

剧场休息室

小作室

道具间

6层平面图

办公室

办公室

办公楼标准层平面图

↑札幌站方向

高层建筑 ←→ 低层建筑

北2条线

辻广场

停车廊

西2丁目线

办公楼入口

店铺

电视台入口

店铺

停车廊

STOP

STOP

IN←→OUT

创成川路

创成川公园

SCARTS
工作室

咖啡厅

SCARTS购物商场

图书信息馆

辻广场

辻广场

西2丁目地下步行通道

地下广场

北1条·雁来路

地下2层平面图　比例尺1:800

1层平面图　比例尺1:800

设计：日建设计·北海道日建设计企业联营体
施工：大成建设·岩田地崎建设·伊藤组土
　　　建·岩仓建设·丸彦渡边建设企业联营
　　　体
用地面积：11 675.94 m²
建筑面积：9431.66 m²
使用面积：131 891.72 m²
层数：地下4层　地上27层　阁楼1层
结构：钢架结构　钢架钢筋混凝土结构　钢筋
　　　混凝土结构
工期：2015年1月—2018年5月
*摄影：新津良昌
**摄影：川村刚弘
***摄影：佐藤雅英
（项目说明详见第155页）

左：SCARTS购物商场 2层视角***
右上：从1层西南侧入口看向室内通道（照片
左侧）及SCARTS购物商场（照片右侧），室
内通道贯穿建筑**
右下：连接西2丁目地下步行通道和札幌创世
广场的地下人流线**

官民合作再开发事业与城市建设

　　札幌创世广场是由札幌市市政府和民间六家企业联合实施的札幌创世1.1.1区北1西1地区第一种市区再开发项目。

　　项目相关负责人希望通过建设札幌创世广场，打造面向新世纪的全新札幌，并希望札幌创世广场能得到世界的认可，吸引国内外游客，成为札幌市未来城市中心建设的先驱。

　　札幌创世1.1.1区（又称创世三区）位于大通公园与创成川的交会处，由"北1条西1丁目""大通西1丁目""大通东1丁目"三个街区组成，是札幌市城市建设的"起点工程"。1988年被评为"札幌国际地带"，同年札幌市政府等土地所有人开始讨论土地的使用。1998年通过公开征集的方式，正式更名为札幌创世1.1.1区，旨在实现城市一体化和街区单位事业化。但是，泡沫经济破灭后，以现有社会经济情况，相关计划难以具体落实。

　　北1西1地区坐落着钟塔、大通公园、电视塔等著名景点，毗邻三条地铁线交会处的大通站交通便利，地理位置优越。但是，除了已完成翻新建设的办公大楼外，其他地区大都为停车场，开发利用率低。

　　2006年，以附近街区的市民会馆停业为契机，正式开始讨论建造会馆等设施，之后加快制定"顺应经济状况和周边环境变化的规划"。2014年根据"城市计划决定"，设立市区再开发组合。会馆于2015年1月施工，2018年5月竣工，并于同年10月盛大开业。

符合札幌街区结构的容积配置

　　该建筑通过在室外修建三处"辻广场"，在室内修建贯穿整个建筑的购物商场，提高札幌市市中心的人流量，打造市民的交流场所，同时发挥连接东西街道的作用。它由东西两座建筑组成，西侧的高层建筑是电视台和办公楼，东侧的低层建筑是札幌市民交流广场。建筑的使用面积约13万平方米，为了减轻对创成川公园的"压迫感"，在功能配置上充分考虑了城市景观。另外，低层建筑的南侧是由玻璃建造而成的开放空间，行人透过玻璃能感受到馆内热闹的气氛。

　　建筑内部有札幌文化艺术剧场等设施。札幌文化艺术剧场是北海道首个拥有多面舞台的剧场，共有2302个座位。另外还有弘扬文化艺术、促进交流的"札幌文化艺术交流中心"，为市民提供生活、工作信息和札幌历史文化相关资料的"札幌市图书信息馆"，信息传播据点"北海道电视台"等。另外，建设严寒地区高端办公楼，建造汽车、自行车停车场，安装地区暖气系统，以促进城市交通，为低碳城市建设做贡献，打造多功能、充满活力的区域。建筑周围和辻广场的绿植下方设置长凳和椅子，营造舒适的步行空间，与创成川公园的水、绿植形成"一体式休闲空间"。

（藤山三冬+北條丰/日建设计）

（翻译：刘鑫）

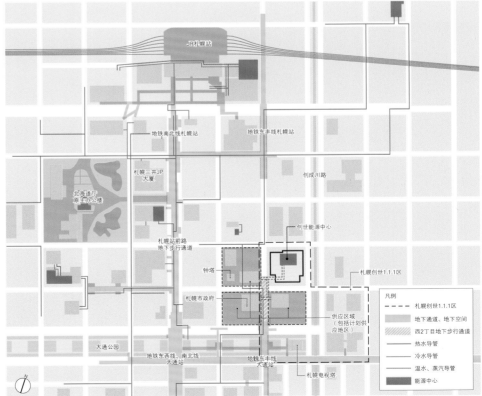

区域图　比例尺1:10 000（札幌市市中心地区供热区域）地下网络简图

左上：4层札幌文化艺术剧场入口**/右上：3层创意工作室。宽度与剧场主舞台相同，除了用于彩排，还可以利用可移动观众席，举行小型戏剧表演等活动/左下：1层电视台入口**/右下：札幌市图书信息馆。内设咖啡厅、会议室，以及网络设施齐全的办公空间**

6层剧场休息室。通往楼上观众席通道的外围安装了木质百叶窗，天花板高18.5 m**

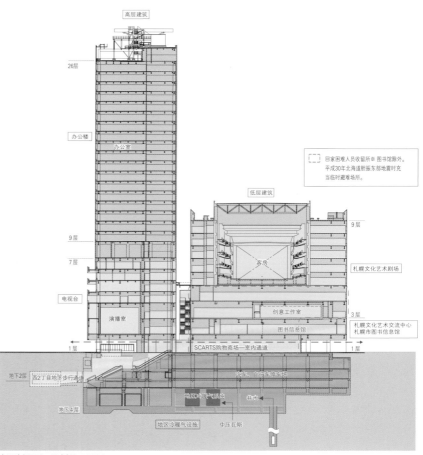

东西剖面图　比例尺 1:1500

剧场拥有多面舞台，共有2302个观众席。楼上观众席被设计成环绕舞台的曲线形状，呈阶梯状排列，共3层。天花板反射板的设计灵感来自"漂浮的云"。内部装饰以木质材料为主，摆放位置均通过了音响检验*

图片提供：永田音响设计

音响检验

最佳室内装饰的音响检验

打造最佳音响效果，要保证音响不受阻碍，同时还要使回音的长短和逐渐减弱的美感与最初传到观众席的反射音音量保持平衡。剧场通过实施模型实验和音响模拟，反复调整天花板反射板、墙壁以及楼上观众席的形状和角度，使反射音均匀地传到每个座位。特别是楼上观众席前端的形状，大大改善了楼下观众席的音响效果。剧场通过一系列分析模拟，实现了清晰的音响效果。

（松枝京二/日建设计）

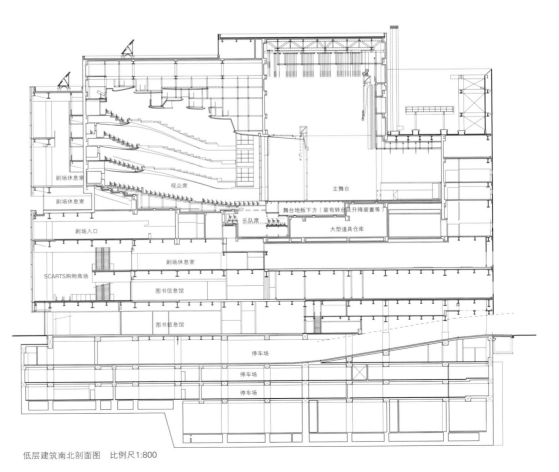

剧场休息室
剧场休息室
剧场入口
SCARTS购物商场
图书信息馆
图书信息馆

观众席
主舞台
舞台地板下方（装有转台及升降装置等）
乐队席
大型道具仓库

停车场
停车场
停车场

低层建筑南北剖面图　比例尺1:800

仓敷常春藤广场改建

设计 浦边设计
施工 藤木工务店
所在地 冈山县仓敷市
THE RENEWAL PROJECT OF KURASHIKI IVY SQUARE
architects: URABE SEKKEI

南侧俯瞰图。仓敷常春藤广场位于图中央，此处新建可容纳1000人的宴会厅（照片左侧屋顶为镀锌铝钢板部分）。仓敷常春藤广场改建及周边地区建设由浦边设计负责，浦边设计致力于仓敷市城市建设（详见70～71页）

仓敷常春藤广场的气息

仓敷常春藤广场是日本通过改建保护产业遗址、振兴文化旅游项目的先驱，已有40多年的历史。为传承创办工厂的历史，仓敷纺织公司决定实施大规模改建。

改建1期工程计划在南侧县道的灾害紧急运输通道上，加固对面高8 m的砖瓦墙，拆除名为"长仓库"的建筑，新建可容纳1000人的宴会厅，用于举办大型会议。仓敷虽然拥有可分别容纳300人、900人、2000人等规模的礼堂，但是一直缺少用于举办大规模会议的大型宴会厅，新宴会厅的建成使

仓敷市"激活市中心街道"的愿望得以实现。另外，四栋客房楼也相继实施改建，其中3、4号客房楼率先进行全面翻新。

新宴会厅屋顶采用连续的山形屋顶设计，通过使用银黑色镀锌铝钢板，使屋顶实现了"隐身"。内部重现无天花板工厂空间，墙壁采用产自高梁川流域的杉木材，柱子利用长仓库的柱形木材。该柱形木材来自场地原有的两棵大冷杉中的1棵，之前被砍伐用于装修，此次改建被重新利用。南侧和西侧部分墙壁的建材利用之前被拆毁的砖瓦，重新设计结构，下部用混凝土加固，整体保持砖瓦墙外观

（最高高度为8 m的砖瓦墙，上部3 m被拆毁，建材选自被拆毁的砖瓦）。

北侧是由大冷杉包围的入口广场，附近有新宴会厅、长满爬山虎的古朴砖瓦墙，以及仓敷纺织创办时期的木结构总部大楼。同时，它是面向街道的新广场，为仓敷地区提供全新的个性化都市空间。

另外，砖瓦拆卸作业与仓敷市的象征——砖瓦墙的重新利用紧密相关，作为打造城市品牌活动，获得了仓敷市政府资助，通过大规模车间完成作业。

（西村清是/浦边设计）

（翻译：刘鑫）

北侧外观。雨棚以"棉线球"为设计原形。继承"仓敷常春藤广场"结构的"入口广场"内曾经有两棵树龄达62年的大冷杉，现剩下1棵，另1棵之前被砍伐用作建材。建造雨棚时重新利用了该建材

西侧入口。改建前砖瓦墙堵住了通往四周的出口

设计：建筑：浦边设计
　　　结构：北條建筑结构研究所
　　　设备：新日本设备计划
施工：藤木工务店
用地面积：21 430.00 m²
建筑面积：1990.62 m²（新建宴会厅部分，下同）
使用面积：2455.67 m²
层数：地上2层
结构：钢架结构
工期：2017年10月—2018年9月
摄影：Forward Stroke/奥村浩司
（项目说明详见第156页）

■ 仓敷常春藤广场改建变迁

1889年：仓敷纺织仓敷工厂创办
（图为1916年当时的情况）

1974年：常春藤广场创办

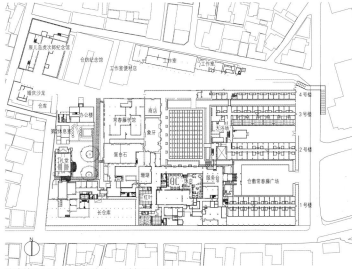

改建前平面图（—2017年）　比例尺1:2500

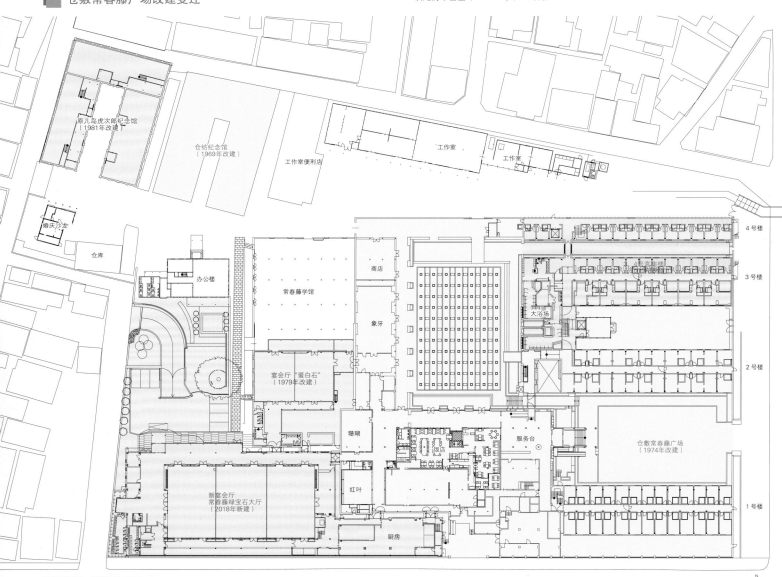

1层平面图　比例尺1:1000
彩色部分为浦边设计参与的改建和新建项目

灾害紧急运输通道沿线南侧墙面。水平砌缝下部用钢筋混凝土加固原砖瓦墙，水平砌缝上部的砖瓦来自已折毁的砖瓦墙，被切成半块砖的厚度平铺堆砌。与灰浆砌缝相接的砖瓦呈白色。铁格栅右侧是另一栋建筑——厨房楼

西南视角。新宴会厅屋顶在与旧工厂"锯齿形屋顶"的垂直方向上搭建，将侧面削成坡状，同时使用镀锌铝钢板，行人在马路上看不到屋顶，使屋顶隐形。远处映入眼帘的白墙建筑是仓敷市民会馆

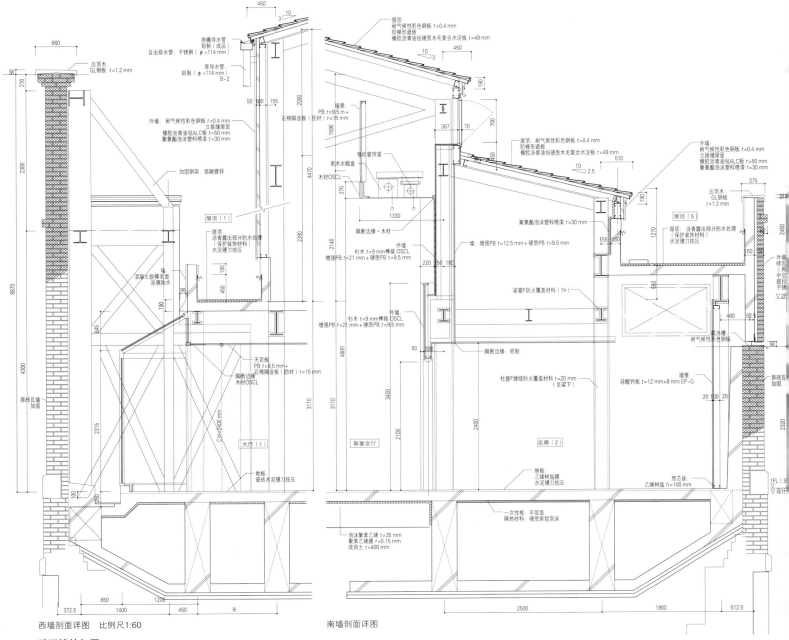

西墙剖面详图　比例尺1:60

南墙剖面详图

砖瓦墙的加固

　　砖瓦墙的加固设计，以拆除长仓库的北侧砖瓦墙为开端，在京都工艺纤维大学结构研究室的建议下，实施实物拆毁实验。由此，深化了对砖瓦墙结构特性的认识。与此同时，确认了采用阿拉米德纤维加固砌缝和SRF膜加固的效果和特性。被加固的南、西侧砖瓦墙位于旧运河的石砌护岸上，厚度为1砖半，采用英式砌法。通过确认变位情况，发现垂直方向十分稳固，因此决定在水平方向上加固。

　　西侧山墙和新建筑物使用同一混凝土底脚梁，混凝土底脚梁由地基改良桩基础支撑，为防止坍塌，西侧山墙直接使用"钢桁架"加固。部分破损的砖瓦，在露出部分使用阿拉米德纤维加固，在隐蔽部分使用SRF膜加固。

　　南侧高大砖瓦墙从上面3m处统一拆除，取出砖瓦，用作新建筑的外墙建材，采用平铺堆砌法。为了确保新宴会厅的服务空间，砖瓦墙下部使用钢筋混凝土加固。

（西村清是/浦边设计）

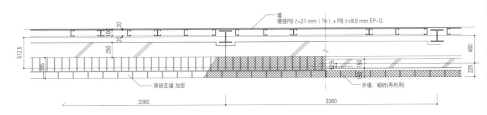

南墙平面详图　比例尺1:60
（左边为截水槽下部，右边为截水槽上部）

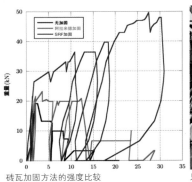

砖瓦加固方法的强度比较

只保留砖瓦墙状态。照片远处西侧山墙面与南侧墙面改变加固方法

上：常春藤绿宝石大厅内部景观。采用中央间接照明，下方的柱形建材重新利用长仓库（旧工厂）的柱子。横梁使用高梁川流域的杉木材/左下：看向用钢架加固的西侧砖瓦墙。露出部分采用阿拉米德纤维加固，隐蔽部分采用SRF膜加固/右下：看向入口沿路的休息处，远处通向旧建筑

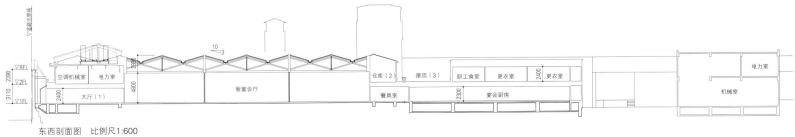

东西剖面图　比例尺1:600

仓敷市与浦边设计的关联

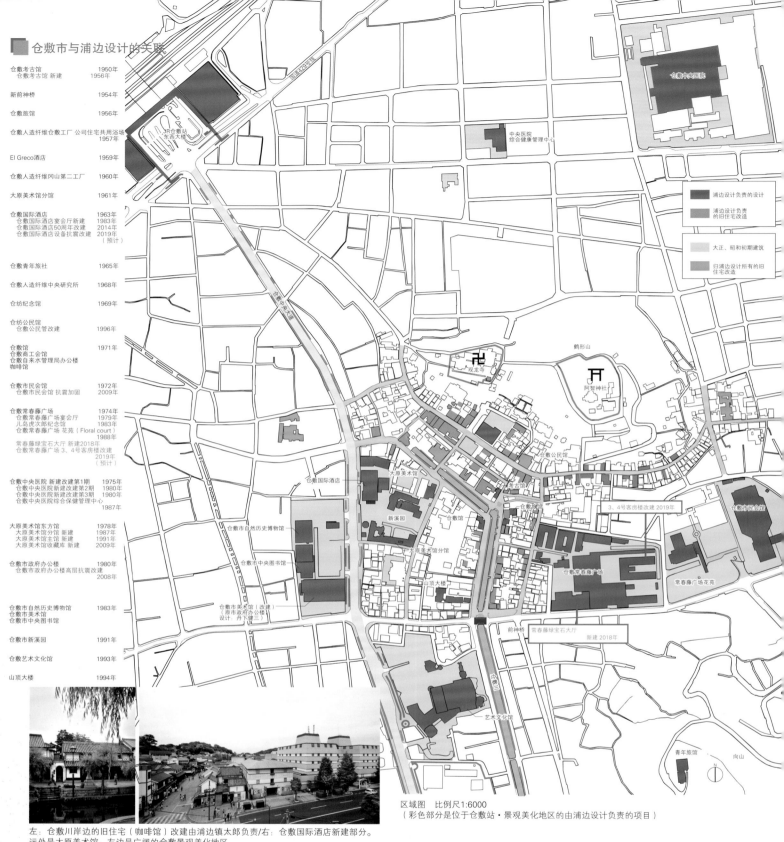

仓敷考古馆　　　　　　　　　1950年
　仓敷考古馆 新建　　　　　　1956年

新前神桥　　　　　　　　　　1954年

仓敷旅馆　　　　　　　　　　1956年

仓敷人造纤维仓敷工厂 公司住宅共用浴场
　　　　　　　　　　　　　　1957年

El Greco酒店　　　　　　　　1959年

仓敷人造纤维冈山第二工厂　　1960年

大原美术馆分馆　　　　　　　1961年

仓敷国际酒店　　　　　　　　1963年
　仓敷国际酒店宴会厅新建　　1983年
　仓敷国际酒店50周年改建　　2014年
　仓敷国际酒店设备抗震改建　2019年
　　　　　　　　　　　　　（预计）

仓敷青年旅社　　　　　　　　1965年

仓敷人造纤维中央研究所　　　1968年

仓纺纪念馆　　　　　　　　　1969年

仓纺公民馆
　仓敷公民馆改建　　　　　　1996年

仓敷馆　　　　　　　　　　　1971年
仓敷商工会馆
仓敷自来水管理局办公楼
咖啡馆

仓敷市民会馆　　　　　　　　1972年
　仓敷市民会馆 抗震加固　　　2009年

仓敷常春藤广场　　　　　　　1974年
　仓敷常春藤广场宴会厅　　　1979年
　儿岛虎次郎纪念馆　　　　　1983年
　仓敷常春藤广场 花苑（Floral court）
　　　　　　　　　　　　　　1988年
　常春藤绿宝石大厅 新建2018年
　仓敷常春藤广场 3、4号客房楼改建
　　　　　　　　　　　　　　2019年
　　　　　　　　　　　　　（预计）

仓敷中央医院 新建改建第1期　1975年
仓敷中央医院新建改建第2期　 1980年
仓敷中央医院新建改建第3期　 1980年
仓敷中央医院综合保健管理中心
　　　　　　　　　　　　　　1987年

大原美术馆东方馆　　　　　　1978年
　大原美术馆分馆 新建　　　　1987年
　大原美术馆主馆 新建　　　　1991年
　大原美术馆收藏库 新建　　　2009年

仓敷市政府办公楼　　　　　　1980年
　仓敷市政府办公楼高层抗震改建
　　　　　　　　　　　　　　2008年

仓敷市自然历史博物馆　　　　1983年
仓敷市美术馆
仓敷市中央图书馆

仓敷市新溪园　　　　　　　　1991年

仓敷艺术文化馆　　　　　　　1993年

山顶大楼　　　　　　　　　　1994年

浦边设计负责的设计

浦边设计负责的旧住宅改造

大正、昭和初期建筑

归浦边设计所有的旧住宅改造

仓敷中央医院

中央医院
综合健康管理中心

鹤形山

观龙寺

阿智神社

仓敷公民馆

大原美术馆

仓敷国际酒店

考古馆

仓敷旅馆

3、4号客房楼改建 2019年

仓敷市民会馆

新溪园

仓敷馆

大原美术馆分馆

仓敷市自然历史博物馆

仓敷市中央图书馆

仓敷市美术馆（改建）
（原市政府办公楼
设计：丹下健三）

山顶大楼

仓敷常春藤广场

常春藤广场花苑

前神桥　常春藤绿宝石大厅　新建2018年

艺术文化馆

青年旅社　向山

区域图　　比例尺1:6000
（彩色部分是位于仓敷站·景观美化地区的由浦边设计负责的项目）

左：仓敷川岸边的旧住宅（咖啡馆）改建由浦边镇太郎负责/右：仓敷国际酒店新建部分。
远处是大原美术馆，左边是广阔的仓敷景观美化地区

左：隔着大原美术馆分馆墙壁，看向仓敷国际酒店/中左：隔着大原美术馆分馆东南墙，看向景观美化地区的民宅/中右：从仓敷国际酒店看向大原美术馆。右前方是收藏库（2009年），旁边
圆筒形建筑是通往地下收藏库的EV楼/右：鹤形山视角。左边分别是仓敷民宅、第一合同银行仓敷分店旧址、大原美术馆主馆和仓敷国际酒店

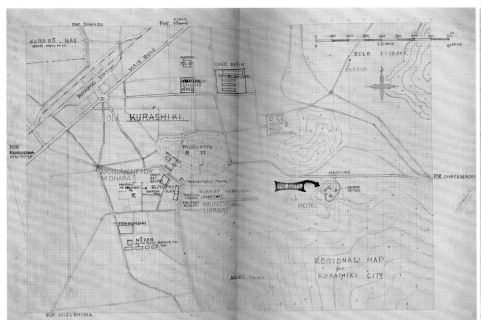
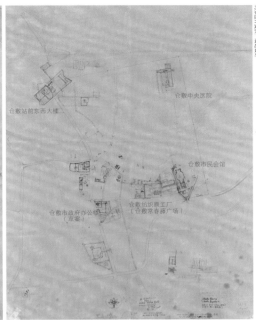

左：浦边镇太郎笔记——我的仓敷（1953年）中的素描/右：浦边镇太郎取名为"大原构想"（1969）的城市建设素描

仓敷街景的形成

浦边设计参与的仓敷城市建设，其源头可追溯到1953年浦边镇太郎的笔记——我的仓敷。浦边在笔记中记录了大原总一郎的城市建设构想中的四个项目。其中，在地图上标注了大原孙三郎纪念碑、市立图书馆、Inn with pub at HASHIMA酒店方案的具体位置。地图上没有标注的公会堂等，后来在其他地点建成仓敷公民馆、仓敷国际酒店、仓敷市民会馆等。

"仓敷市街道地图"中绘有"大原构想"图（大原总一郎于1968年去世），1969年浦边在"大原构想"图中填入"四方眺望楼"，并在生前一直将"大原构想"图挂于办公室。

根据"大原构想"，浦边在仓敷常春藤广场（1974年）实施的城市建设计划如下：广场穿过工厂旧址，向东穿过环绕仓敷川护堤的步行道，将广场一直延伸到仓敷市民会馆。但是，统合广场与市民会馆内部空间和进一步扩建东町方向的步行道，是至今仍未完成的课题。

第二代项目负责人松村庆三通过大原美术分馆（1961年）两次增建（地下展示场1987年，新收藏库2009年），继续探索仓敷市交通广场、新溪园、大原美术馆的草坪庭园组成的"传统建筑地区"的"前庭"（建筑前方的庭园）价值，尝试在艺术文化馆（1993年）向南扩建中心繁华地区，继续完成广场的建设计划。

我从2006年起成为第三代项目负责人，负责包括大原美术馆改建（2007年）、收藏库新建（2009年）、仓敷市民会馆大规模改建（2009年）、仓敷国际酒店改建（2014年）等项目，继承浦边设计自创业以来的建设构想，保护原建筑。此次仓敷常春藤广场改建项目将成为仓敷街景的新魅力所在。

（西村清是/浦边设计）

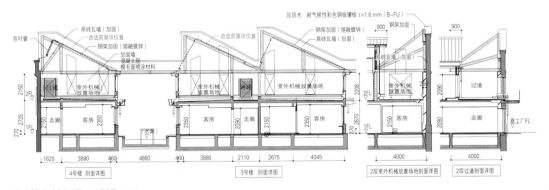

客房楼改建剖面图　比例尺1:300
改建成用于修学旅行等场合的客房，面向游客开放（2019年1月竣工）

两张图片：砖瓦再利用作业现场。泥浆砂质砌缝表面处理，用于西南侧外墙。作业持续3天，当地居民参与其中

两张图片：1974年创业时仓敷常春藤广场景观/左：东南视角。屋顶保持原瓦屋顶和大波纹石棉瓦屋顶/右：从拱廊看向广场北侧

越过仓敷常春藤广场花苑看向正门

虎屋赤坂店

设计　内藤广建筑设计事务所
施工　鹿岛建设
所在地　东京都港区
TORAYA AKASAKA SHOP
architects: NAITO ARCHITECT & ASSOCIATES

在青山大道，日式点心老店进行重建。没有超出容许容积，为小型紧凑结构。切合用地形状呈扇形平面，开口部向前方大道敞开。2层是商场，3层是菓寮（饮品店），连接各层的楼梯建在道路一侧

从3层看向董客，左手边可以看到赤坂御用地（日本皇室专用地）的绿植。屋顶是由钢材与板搭建而成的平面结构。

设计：建筑：内藤广建筑设计事务所
　　　结构：KAP
　　　设备：森村设计
施工：鹿岛建设　东京建筑支店
用地面积：847.31 m²
建筑面积：678.73 m²
使用面积：2979.14 m²
层数：地下1层　地上4层　阁楼1层
结构：地下层：钢筋混凝土结构
　　　部分为钢筋钢架混凝土结构
　　　地上层：钢架结构
工期：2017年4月—2018年8月
摄影：日本新建筑社摄影部（特别标注
　　　除外）
（项目说明详见第156页）

沿着平面线条在道路一侧搭建楼梯，用平缓

2层商场视角。在中央搭建连接2层和3层的旋转楼梯。
天花板留缝镶嵌扁柏窄幅板，重新为店铺设计了生活用
具

从1层看向青山大道。里侧是赤坂御用地

左：从3层菓寮看向青山大道/中：3层菓寮里面的墙壁用黑色石灰纹路装饰，由久住章氏涂装，安装了窗户，可以看到御用场的情况/右：2层商场里的黑漆墙壁抛光装饰同样出自久住章氏之手，沿用原店铺中的"虎"主题

悠久的物影

内藤广

日式点心在日本人的生活中是具有象征意义的食物。冈仓天心认为，在茶碗中琥珀色的液体里，流淌着愉悦的静默、聪慧和芬芳。而其最佳的搭配品便是日式点心。

数学家冈洁在随笔集《春宵十话》（每日新闻社，1963年）中借用芥川龙之介"悠久的物影"这一说法。我对这句话非常感兴趣，所以进行了调查，这句好像出自短篇小说《戏作三昧》中描绘晚年泷泽马琴的话。年迈的马琴在澡堂里，边往身上淋水，边听着旁边那些不负责任的闲言碎语。正洗身体时，桶内溢满的热水中突然倒映出窗外瓦房屋顶上柿子树结着的柿子，泷泽马琴看着水面，一瞬间感受到了"悠久的物影"。芥川在书中写道"在他的心上，落下了印记，悠久的物影。"

这是优美、富含深意的言语。建筑处于世俗之中，其本身是否具有显现"悠久的物影"的潜质呢？

大城市东京出现了再开发热潮，一个又一个超高层建筑竣工，仿佛是30年前的泡沫经济时期。虽然这样的事态让人无可奈何，但在这种时代下生活的人们，若是能够用心感受的话，这一幕也将折射出"悠久的物影"。我们捕捉到这一点，致力于打造魅力空间，使建筑物拥有触感与质感。

我从事虎屋的工作已经有13年了，这离不开给多个虎屋提供建议的图式设计师葛西薰的介绍。"想要重新建设制作日式点心的地方"，出于这样的需求，我们建造了御殿场工作室，改建了位于京都一条的御用场及菓寮等重要建筑物，几座建筑自明治以前就是皇家的御用场所。这些都是基于黑川光博社长的构想，而我的工作就是整合空间。现在回想起来，这对于我而言，也是深度了解虎屋历史，并成长的过程。这条道路上必须要提及的就是赤坂的建筑。

虎屋的历史可以追溯到室町后期，如今的社长黑川光博是第17代传人。由于明治维新，皇宫迁到东京，虎屋也从京都搬到了东京，并在赤坂开设了店铺。为举办东京奥运会拓宽了青山大道，用地迁移到附近，此次改建前的建筑物便选址于此，使用横条纹，是像灯笼一样的9层建筑，风雅别致。

当初，我在鹿岛建设的设计施工中担任监修工作，虽说是监修，但我其实参与了从基本构想到设计的整个过程，是和鹿岛设计部的仙波武团队共同进行的设计，一起出谋划策，充分利用容积，预想将其建设为10层建筑物，由于赤坂还有青山大道沿线是一级土地，必然要从经济效益来考虑，所以建设需要非常谨慎地推进。

公布了黑川社长表明要改建的文书，没想到产生了很大反响。我们收到了很多信件，他们诉说在赤坂店铺的经历，充满了怀念与回忆。我们以此为契机，用心揣摩建设的内容和最好的建筑外观。回归原点，削减浪费，拣择必要之需，再度考量那些珍贵的东西。把本公司的功能向外展示，打造以店铺为中心的紧凑型建筑。

在该阶段，对黑川社长提出了反命题的质疑，我们谋求的到底是什么，以什么为依托生存呢？黑川社长的脑海里闪现过这样的问题，这种想象与芥川所描绘的马琴的身影重合了。由此，他做出了重大的决断，先不进行设计施工，先负责事务所的设计，我充分理解这个想法，深感责任重大，开始探索"悠久的物影"之路。究竟能否抓住"影子"呢？

"悠久的物影"需要我们去探索、去发现，捕捉这个影子需要空间的助力，赋予该建筑物质感的应该是什么样的东西呢？在世俗喧嚣的中心，突然全部的声音都消失了，绝对寂静的理想空间状态浮现于脑海之中。既具备接受喧嚣的开放性又引导走向无声，我在向空间的深处探索。

该建筑物的用地形状为扇形，不仅如此，后侧土地还像尾巴一样延伸着。在以店铺为中心的平面设计中，必须要限制这个扇形。首先，依据后面的预备空间，尽可能地向街道扩展打造店铺。菓寮建在3层，为了构建开放型空间，全部用钢架建造，扇形屋顶大幅度遮盖街道，4层栏杆上部为承受主受力的拱肋状结构。为了覆盖扇形用地，大幅遮盖房檐，把在房檐下能够设置店铺等条件也考虑其中，大房檐从里至外延伸，给空间提供阴影，这便是木质空间的受容，营造了既开阔又深藏的影之空间。

该建筑在细节装饰处所用的工匠技艺无可挑剔，空间构成具有紧凑感。2层店铺的里面正中央安设了曾用于旧店铺正面装饰的象征。那一大面墙壁委托给久住章氏来设计，不过，无论如何都想把墙壁用抹茶涂上黑色石灰来营造深度感和从里至外的威严感，这种装饰需要工人具有高超的技术。虽然是传统简单的装饰，但其实越简单的工艺就越难操作，能主持完成这个工艺的人便是久住先生。

20多个技艺娴熟的工匠在短时间内一气呵成地完成了涂装，黑色装饰的厚度为0.5 mm左右，这些需要均匀涂抹。涂抹的时候即使是微小的不匀称在晾干后都会显现出来，极难操作。在我们看来

已经没问题的装饰，还是会被揭下来重做。这种不到完美绝不罢休，从拘束中挣脱的态度，可以看到久违的匠人的纯粹、气魄与意念。"自己怎么能够仅限于此呢？"会产生这样的羞愧。最终的结果到底如何，只有通过实物亲自去确认，仅仅看照片是无法完全感受到的。

由于这份工作，我被赠予了四季鲜果点心，每一种都能让人感受到季节的味道，风味浓厚具有深意，是令人难忘的邂逅。

名为"更衣"的鲜果点心是初春时节更换衣物时吃的。我猜想它是依据《源氏物语》里光源氏母亲桐壶更衣的名字而来。桐壶虽然身份并没有那样尊贵，却是谨慎且具有独特魅力的女性，尽管在故事中是被欺凌的角色，但那种隐忍是非常美好的，她具备谦让的美德，是位拥有内在美的女性。

"更衣"并不奇特，呈椭圆形，点心表面裹着一层白色薄皮，切开后中间的黑馅近似于小豆的颜色，一点都不艳丽，但是吃到嘴里的时候，那独特的触感和浓厚的味道会给人惊喜。稍有些黏，在感觉到厚重的同时，还有清新的味道。在茶室微暗

的空间中和抹茶一起食用这个点心会是怎样的心情呢？我开始不停地想象。该点心所蕴含的寓意与黑色石灰墙壁是相通的，这种只会在纯粹中体现出的深意，便是"影"的迹象。

竣工前的某日，我在3层的菓寮席位上坐着，看到青山大道川流不息的车辆，还有对面赤坂御用地耀眼的绿色。那一瞬间，闭上眼睛脑海里便回想起"更衣"的触感，那时感觉仿佛看到了"悠久的物影"。

（翻译：迟旭）

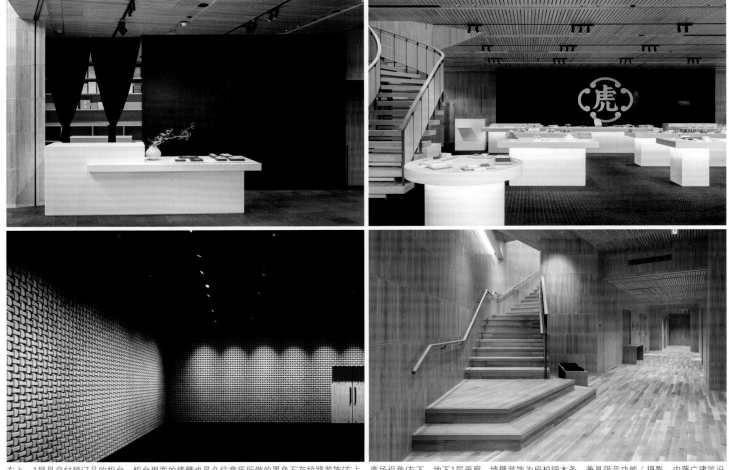

左上：1层是交付预订品的柜台。柜台里面的墙壁也是久住章氏所做的黑色石灰纹路装饰/右上：商场视角/左下：地下1层画廊，墙壁装饰为扁柏细木条，兼具吸音功能（摄影：内藤广建筑设计事务所）/右下：地下1层走廊视角，墙壁上镶嵌着扁柏窄幅板

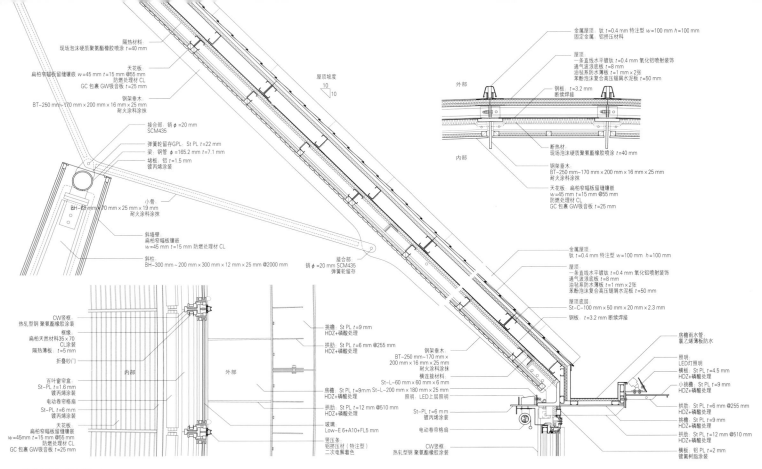

结构详图　比例尺1:30

Left top labels:
隔热材料
现场泡沫硬质聚氨酯橡胶喷涂 t=40 mm

天花板:
扁柏窄幅板留缝镶嵌 w=45 mm t=15 mm @55 mm
防燃处理材 CL
GC 包裹 GW吸音板 t=25 mm

钢架垂木:
BT−250 mm~170 mm × 200 mm × 16 mm × 25 mm
耐火涂料涂抹

接合部: 销 φ =20 mm
SCM435

弹簧轮留存GPL: St PL t=22 mm

梁: 钢 φ =165.2 mm × 7.1 mm

埙板: 铝 t=1.5 mm
镀丙烯涂装

小骨:
BH−63 mm × 70 mm × 25 mm × 19 mm
耐火涂料涂抹

斜墙壁:
扁柏窄幅板镶嵌
w=45 mm t=15 mm 防燃处理材 CL

斜柱:
BH−300 mm ~ 200 mm × 300 mm × 12 mm × 25 mm @2000 mm

接合部:
销 φ =20 mm SCM435
弹簧轮留存

屋顶坡度
10
10

Right top labels:
金属屋顶: 钛 t=0.4 mm 特注型 w=100 mm h=100 mm
固定金属: 铝挤压材料

屋顶:
一条直线水平镀钛 t=0.4 mm 氧化铝喷射装饰
通气波浪底板 t=8 mm
苯酚泡沫复合高压锯屑水泥板 t=50 mm

钢板 t=3.2 mm
断续焊接

外部
内部

隔热材:
现场泡沫硬质聚氨酯橡胶喷涂 t=40 mm

钢架垂木:
BT−250 mm~170 mm × 200 mm × 16 mm × 25 mm
耐火涂料涂抹

天花板: 扁柏窄幅板留缝镶嵌
w=45 mm t=15 mm @55 mm
防燃处理材 CL
GC 包裹 GW吸音板 t=25 mm

金属屋顶:
钛 t=0.4 mm 特注型 w=100 mm h=100 mm

屋顶:
一条直线水平镀钛 t=0.4 mm 氧化铝喷射装饰
通气波浪底板 t=8 mm
油毡系防水薄板 t=1 mm × 2张
苯酚泡沫复合高压锯屑水泥板 t=50 mm

屋顶底层:
St−C−100 × 50 mm × 20 mm × 2.3 mm

钢板 t=3.2 mm 断续焊接

房檐雨水管:
氯乙烯薄板防水

照明:
LED灯照明
横板: St PL t=4.5 mm
HDZ+磷酸处理

小挑檐: St PL t=9 mm
HDZ+磷酸处理

拱肋: St PL t=6 mm @255 mm
HDZ+磷酸处理

挑檐: St PL t=9 mm
HDZ+磷酸处理

拱肋: St PL t=12 mm @510 mm
HDZ+磷酸处理

横板: 铝 PL t=2 mm
镀氟树脂涂装

Left bottom labels:
CW竖框:
热轧型钢 聚氯酯橡胶涂装

框缘:
扁柏天然材料 35 × 70
CL涂装
隔热薄板 t=5 mm

折叠纱门

百叶窗帘盒:
St−PL t=1.6 mm
镀丙烯涂装

电动卷格格扇
St−PL t=6 mm
镀丙烯涂装

天花板:
扁柏窄幅板留缝镶嵌
w=45mm t=15 mm @55 mm
防燃处理材 CL
GC 包裹 GW吸音板 t=25 mm

内部
外部

Center bottom labels:
挑檐: St PL t=9 mm
HDZ+磷酸处理

拱肋: St PL t=6 mm @255 mm
HDZ+磷酸处理

钢架垂木:
BT−250 mm−170 mm ×
200 mm × 16 mm × 25 mm
耐火涂料涂抹

横连接材料:
St−L−60 × 60 mm × 6 mm

房檐: St PL t=9mm St−L−200 × 180 mm × 25 mm
HDZ+磷酸处理
照明: LED上层照明

拱肋: St PL t=12 mm @510 mm
HDZ+磷酸处理

玻璃:
Low−E 6+A10+FL5 mm

竖压条:
铝挤压材 (特注型)
二次电解着色

电动卷帘格扇

CW竖框:
热轧型钢 聚氨酯橡胶涂装

西南方向视角，左侧为青山大道

区域图　比例尺 1:5000

丰川稻荷　青山大道
赤坂御用地

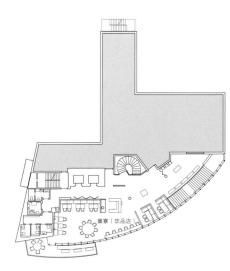

菓寮 [饮品店]

3层平面图

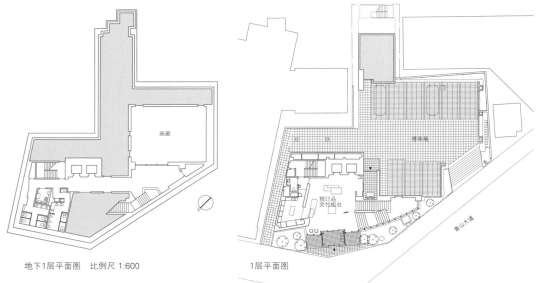

画廊

停车场

预订品 交付编台

商场

青山大道

地下1层平面图　比例尺 1:600

1层平面图

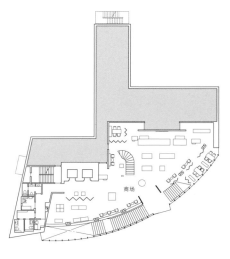

2层平面图

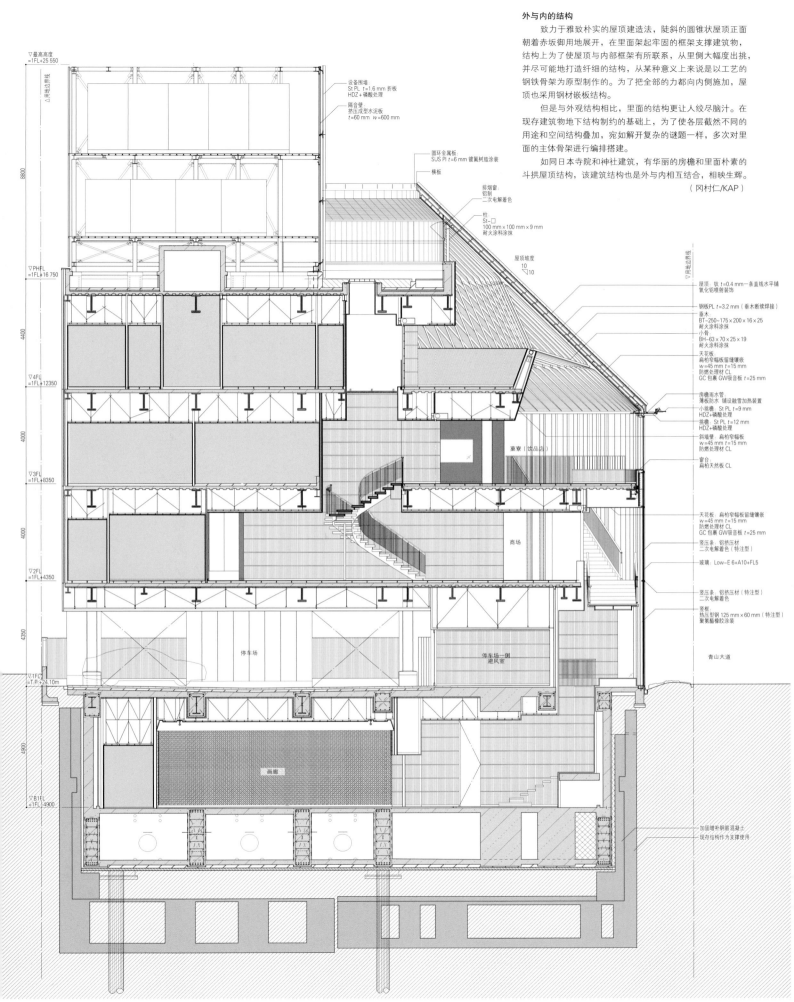

外与内的结构

　　致力于雅致朴实的屋顶建造法，陡斜的圆锥状屋顶正面朝着赤坂御用地展开，在里面架起牢固的框架支撑建筑物，结构上为了使屋顶与内部框架有所联系，从里侧大幅度出挑，并尽可能地打造纤细的结构，从某种意义上来说是以工艺的钢铁骨架为原型制作的。为了把全部的力都向内侧施加，屋顶也采用钢材嵌板结构。

　　但是与外观结构相比，里面的结构更让人绞尽脑汁。在现存建筑物地下结构制约的基础上，为了使各层截然不同的用途和空间结构叠加，宛如解开复杂的谜题一样，多次对里面的主体骨架进行编排搭建。

　　如同日本寺院和神社建筑，有华丽的房檐和里面朴素的斗拱屋顶结构，该建筑结构也是外与内相互结合，相映生辉。

（冈村仁/KAP）

设备围墙：
St PL t=1.6 mm 折板
HDZ+磷酸处理
隔音壁：
挤压成型水泥板
t=60 mm w=600 mm

圆环金属板：
SUS Pl t=6 mm 镀氟树脂涂装
横板
排烟窗：
铝制
二次电解着色
柱：
St-□
100 mm × 100 mm × 9 mm
耐火涂料涂抹

屋顶坡度
10
10

屋顶：钛 t=0.4 mm 一条直线水平铺
氧化铝喷射装饰
钢板PL t=3.2 mm（垂木断续焊接）
垂木：
BT-250×175×200×16×25
耐火涂料涂抹
小骨：
BH-63×70×25×19
耐火涂料涂抹
天花板：
扁柏窄幅板留缝镶嵌
w=45 mm t=15 mm
防燃处理材 CL
GC 包裹 GW吸音板 t=25 mm

房檐雨水管：
薄板防水 铺设融雪加热装置
小挑檐：St PL t=9 mm
HDZ+磷酸处理
挑檐：St PL t=12 mm
HDZ+磷酸处理
斜栅壁：扁柏窄幅板
w=45 mm t=15 mm
防燃处理材 CL
窗台：
扁柏天然板 CL

天花板：
扁柏窄幅板留缝镶嵌
w=45 mm t=15 mm
防燃处理材 CL
GC 包裹 GW吸音板 t=25 mm
竖压条：铝挤压材
二次电解着色（特注型）
玻璃：Low-E 6+A10+FL5

竖压条：铝挤压材（特注型）
二次电解着色
竖框：
热压型钢 125 mm × 60 mm（特注型）
聚氨酯橡胶涂装

加固增补钢筋混凝土
现存结构作为支撑使用

菓寮（饮品店）

商场

停车场

停车场—圈避风室

青山大道

画廊

▽最高高度
=1FL+25 550

△用地边斜线

8800

▽PHFL
=1FL+16 750

4400

▽4FL
=1FL+12350

4000

▽3FL
=1FL+8350

4000

▽2FL
=1FL+4350

4350

▽1FL
=T.P.+24.10m

4900

▽B1FL
=1FL-4900

用地边斜线

剖面详图 比例尺1:150

福井县年缟博物馆

设计　内藤广建筑设计事务所
施工　前田产业&巴屋特定建设工程企业联营体〔展示楼〕　泽村〔研究楼1〕　鸟居建筑〔研究楼2〕
所在地　福井县三方上中郡若狭町

FUKUI PREFECTURAL VARVE MUSEUM
architects: NAITO ARCHITECT & ASSOCIATES

东北方向视角。为了展示用地前方的水月湖湖底堆积了7万年之久的条纹形地层——纹泥（日语称"年缟"），在此建造博物馆及相关研究设施。共3栋，左前方是里山里海湖研究所，中间是福井县年缟博物馆，博物馆为细长形状，这是为了更好地展示长达45 m的纹泥。1层为桩基，2层布置为展示室

区域图　比例尺 1:40 000

西北方向视角。木质双坡屋顶由钢筋混凝土材质的墙和钢筋桁架支撑。为了契合展示室的大小，墙壁偏离了中心位置，钢筋桁架左右呈不对称结构

设计：建筑：内藤广建筑设计事务所
　　结构：金箱结构设计事务所
　　设备：森村设计
　　展示：乃村工艺社
施工：建筑：前田产业&巴屋特定建设工程企业联营体（展示
　　　　　　楼）　泽村（研究楼1：里山里海湖研究所）
　　　　　　鸟居建筑（研究楼2：立命馆大学古气候学研究中心）
　　空调·卫生：前田设备（展示楼）
　　　　　　　　增田空调（研究楼1、2）
　　电力：日东电力（展示楼）
　　　　　宇野电力商会（研究楼1）
　　　　　右近电力工程店（研究楼2）
　　展示：乃村工艺社
用地面积：6409.31 m²
建筑面积：1929.76 m²
使用面积：1779.35 m²
层数：地上2层
结构：钢筋混凝土结构（部分为预应力钢筋混凝土）+钢架+木质
　　　结构
工期：2017年3月—2018年5月（外部结构时间至2018年8月）
摄影：日本新建筑社摄影部（特别标注除外）
（项目说明详见第156页）

桩基视角。宽45 mm的杉木模板原浆面。2层楼板为了延伸跨度使用了预应力钢筋混凝土

7万年的沉睡

造园第一人——进士五十八老师想同我商谈，所以联系了我。福井县计划在公园内建设年缟博物馆，但是好像没人能完全理解进士先生的想法。进士先生在三方湖畔县立里山里海湖研究所担任所长一职，县负责人特意前来向我说明"年缟"究竟为何后，我才终于明白，这便是这次项目的契机。

该建筑结构简洁明了，面向水月湖，保持了建筑的原有风貌。海之博物馆的展示楼面向水湾中央建造轴线，该建筑与之相似。简洁的外观在某种意义上寓意着想要回归到30年前的原点。

虽然这样说有些难为情，但是该建筑桩基的混凝土堪称许久未见的具有超高完成度的杰作。这源于模板处处用心，浇筑时插入竹子摇动等一系列精益求精的建造过程。虽然是窄幅杉木板模板，但是板的颜色没有变化，基本上没有因为接缝分离造成的颜色变化、气泡和蠕变。这离不开施工负责人今川隆浩先生的尽心尽力和工匠的全身心投入，混凝土浇筑得益于团队合作与干劲儿，这给我留下了深刻印象。

今川所长家位于距离现场300 m左右的地方，他是土生土长的本地人，有着很强的责任感，无法接受不合格的工作。工匠们也非常熟悉当地的情况，原本建筑不应该建在这样毗邻社区的地方，为此他们对接受这项工作有些抵触情绪。日语的"年缟"一词是由纹泥研究发起人安田喜宪老师创造的。若在福井县若狭町水月湖的湖底进行钻探，会出现积累了7万年之久、像年轮一样的堆积物，勘定过去的年代需根据碳的同位素来进行测定，需要确切地具体度量。若是树木年轮数千年便是上限，所以将钟乳石和珊瑚等作为一些参考指标。抽出纹泥的某一层进行调查，可以明确获得那个时代的大气状态、气温、植被、火山灰等数据。据说人类是5万年前在非洲诞生的，而该堆积物比其早了2万年，是在此之前就堆积存留下来的古遗物。该博物馆主要用来展示采取到的纹泥实物。

用地选址在与水月湖邻接的三方湖畔，县立绳纹浪漫公园的一角。旁边还有横内敏人先生设计的Earthshade的若狭三方绳纹博物馆。

由于距离湖边、河边非常近，担心会被水淹，特别是那些珍贵的实物展示资料，所以展示室建设在2层。纹泥的实物长达45 m，无法纵向展示，所以横向建造成长条形建筑，即面向水月湖呈直线进行展示，后面是内容解说的展示区。面积合理分配的话，基本上物品在2层就足够放置了。1层为桩基，整体像是浮在空中的建筑一样。桩基作为地面的延伸，由混凝土建造，中央部分则扩大跨度。

在细长的矩形平面内，搭建偏向一侧、展示纹泥实物的高大墙壁，这是非常特殊的结构。该特殊性还反映在屋顶的结构上。福井县每隔几年就会遭遇一场暴雪，预测积雪厚度可达2 m，以这些积雪落在房顶上为前提，必须要进行结构计算。虽然拜托结构大师金箱温春先生帮忙，但是全部用木质结构解决的话会导致桁架部分格外坚硬，因此，需要适材适地，把桁架用钢筋贯通，构成内部空间。低层部分为钢筋混凝土和预应力钢筋混凝土，钢筋的桁架、屋顶部分为木结构，由此建成混合建筑物。

主展示楼的两侧有两个建筑，一个是立命馆大学的研究分室，一个是里山里海湖研究所。这两栋建筑是由当地其他工程承包商建造的，都是木质平房建筑，周围设置防雪围栏，配备车间。与灵动的展示楼相比，这两个建筑则更加简朴，更展现了地方特色。

（内藤广）

（翻译：迟旭）

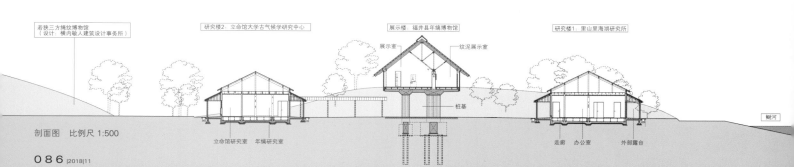

若狭三方绳纹博物馆
〔设计：横内敏人建筑设计事务所〕　　　　研究楼2：立命馆大学古气候学研究中心　　　　展示楼：福井县年缟博物馆　　　　研究楼1：里山里海湖研究所

展示室　　纹泥展示室

桩基

立命馆研究室　年缟研究室　　走廊　办公室　外部露台

鲥河

剖面图　比例尺 1:500

从2层看向展示室。结构框架兼备纹泥展示室（左）和解说展示室（右）隔间的作用

纹泥展示室。沿着中央墙壁，展示历经了7万年时光、长达45 m的堆积物

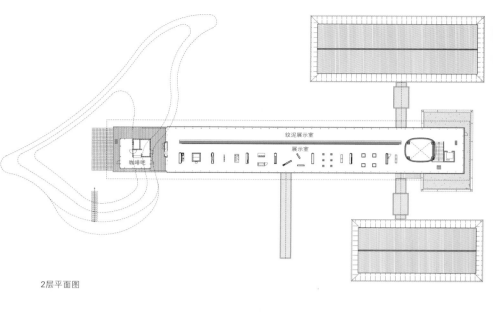

2层平面图

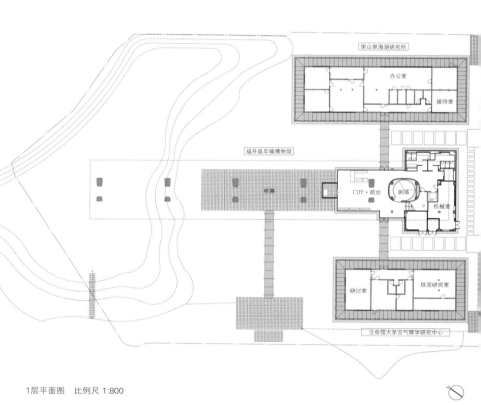

纹泥近景

里山里海湖研究所

办公室

接待室

福井县年缟博物馆

展示室

门厅·前台

剧场

机械室

研讨室

纹泥研究室

桩基

立命馆大学古气候学研究中心

1层平面图　比例尺 1:800

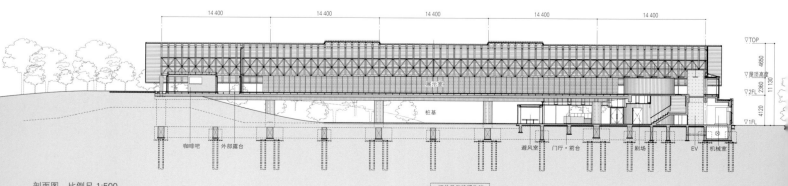

东南上空视角。可以眺望到右侧的鲥河与中央的三方湖

14 400　　14 400　　14 400　　14 400　　14 400

展示室

桩基

咖啡吧　外部露台　　　　避风室　门厅·前台　　剧场　　EV　机械室

剖面图　比例尺 1:500

福井县年缟博物馆

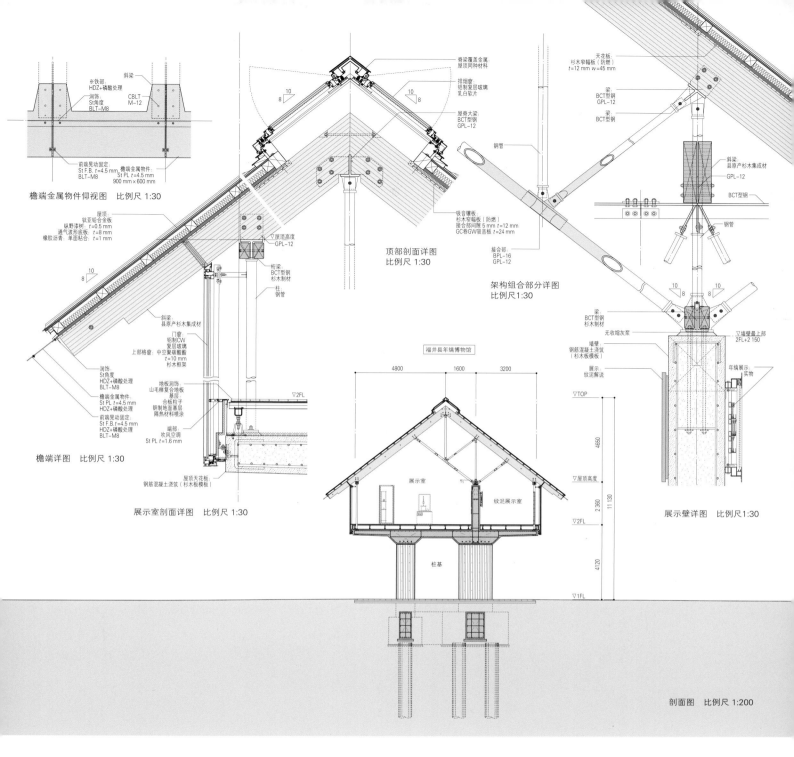

檐端金属物件仰视图　比例尺 1:30

※铁部：
HDZ+磷酸处理
润饰
St角度
BLT-M8

斜梁
CBLT
M-12

前端晃动固定：
St F.B. t=4.5 mm
檐端金属物件：
St PL t=4.5 mm
900 mm×600 mm

屋顶
钛亚铝合金板 t=0.5 mm
通气波形板 t=8 mm
橡胶沥青 单面粘合 t=1 mm

润饰
St角度
HDZ+磷酸处理
BLT-M8

檐端金属物件：
St PL t=4.5 mm
HDZ+磷酸处理
前端晃动固定：
St F.B. t=4.5 mm
HDZ+磷酸处理
BLT-M8

檐端详图　比例尺 1:30

斜梁
县原产杉木集成材
门窗
铝制CW
复层玻璃
上部格窗：中空聚碳酸酯
t=10 mm
杉木框架

地板润饰：
山毛榉复合地板
基层：
合板粒子
钢制地面基层
隔热材料喷涂
端部
吹风空调
St PL t=1.6 mm

屋顶天花板
钢筋混凝土浇筑（杉木板模板）

展示室剖面详图　比例尺 1:30

脊梁覆盖金属
屋顶同种材料

排烟窗
铝制复层玻璃
乳白软片

屋顶大梁：
BCT型钢
GPL-12

钢管

吸音板（防燃）
杉木窄幅板（防燃）
接合部间隙 5 mm t=12 mm
GC卷GW吸音板 t=24 mm

接合部：
BPL-16
GPL-12

顶部剖面详图
比例尺 1:30

架构组合部分详图
比例尺 1:30

GPL-12
桁梁：
BCT型钢
杉木制材
柱
钢管

杉木窄幅板（防燃）
t=12 mm w=45 mm

天花板
柱
BCT型钢
GPL-12
梁
BCT型钢

斜梁
县原产杉木集成材
GPL-12

BCT型钢

钢管

梁
BCT型钢
杉木制材

无收缩灰浆

墙壁
钢筋混凝土浇筑
（杉木板模板）

展示
纹泥解说

展示：
纹泥解说
实物

展示壁详图　比例尺 1:30

福井县年编博物馆

4800　1600　3200

展示室
纹泥展示室

桩基

剖面图　比例尺 1:200

▽TOP
▽屋顶高度
▽2FL
▽1FL

4650
2 360
4120
11 130

适材适地的结构计划

1层为钢筋混凝土建造的桩基，是跨度很大的土木工程，2层以木质空间规模为参考，是建筑标尺，上下层结构形式有很大差异。2层展示室中央建造的钢筋混凝土墙壁是唯一的抗震要素，同时还借助钢筋构建材料支撑木质双坡屋顶。屋顶为斜梁并排放置的简单架构，斜梁使用福井县原产杉木材料。考虑到积雪量为 2 m 的严苛承重条件，采取在斜梁中间支撑的结构方式，因此钢筋混凝土墙壁建设时偏离了中心位置，屋顶结构呈不对称形状。短边方向需要三角形的构建材料，为了使木质屋顶的地震力传递到钢筋混凝土墙，长边方向需要构建材料，所以立体搭建了钢筋建材，最终形成了由细径的钢筋斜构件支撑的轻巧结构。虽然地基采用了 33 m 的桩，但是通过增大1层柱子的跨度减少了桩的个数，设计出经济型的基础结构。

（金箱温春）

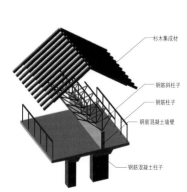

杉木集成材

钢筋斜柱子

钢筋柱子

钢筋混凝土壁

钢筋混凝土柱子

结构立体图

左：南侧视角。幕墙从视觉上消减了跨度的厚度，整体看起来十分轻巧
右：展示室视角。越过小丘可以看到鲕河

上越市立水族博物馆　UMIGATARI

设计　日本设计／篠﨑淳＋河野建介＋寺﨑雅彦
施工　大成・田中・高舘企业联营体
所在地　新潟县上越市
JOETSU AQUARIUM UMIGATARI
architects: NIHON SEKKEI

东北视角俯瞰图。水族馆于1934年立馆，至今已有80余年的悠久历史，这是其第6代重建计划。北侧是日本海，南侧是旧直江津市的市区。计划打造特色"大水槽"，运用3D数据和模拟水流，再现日本海的地形和生态系统，将上越海的无限魅力凝聚在水族馆之中

3层的落日露台视角，越过日本海大水槽看向西侧日本海。水槽
采用大型水池形式，宛如海天相连，浑然一体。大屋檐下架设梁
高650 mm的钢架，打开天窗，阳光洒落水槽之间，波光粼粼，
美不胜收

上越之海——水族馆

　　上越水族馆是一座中型水族馆，坐落于日本海沿岸的地方城市，拥有80余年的历史，深受当地人喜爱。本项目是此馆的第6代重建计划。水族馆不仅是拥有巨大揽客能力的娱乐设施，也是促进地区活力再生的核心所在，同时更是自然知识的学习、研索型设施。

　　在本次项目中，为了实现基本计划中所倡导的"感官日本海"的概念，我们在模拟生物生存环境的人工自然——水族馆中，复刻外面广阔无垠的上越海，打造凝聚海洋魅力、体验奇妙自然的新颖空间。

　　日射的光线和云朵的形态、横跨日本海的风和海面的阵阵涟漪，还有模拟日本海复杂形状的大王岩壁，更有多种多样的动物游来游去，这些重叠在一起，创造出变化无穷的奇妙景象，即"景色时刻不同"的水族馆。特别是临近黄昏时分，灿烂夕阳红，在大海和水槽相接之处闪耀，水中的落日经棱镜效应，折射出七色光彩，水光潋滟，美不胜收。

　　同可爱的生物亲密接触，相遇于梦幻般的海底世界。这样的体验令我们心驰神往，在感叹生命的不可思议和大海的神秘雄浑的同时，重新体验我们生于斯、长于斯的"大海·自然·地球"对人类的意义。这样的水族馆正是我们的心之所向。

（篠崎淳／日本设计）
（翻译：赵碧霄）

上：北侧外观。面对日本海北面的是玻璃外壁。图片中，前面是喂食池和触摸池，在这里可以体验给海洋生物喂食，与其近距离接触
下：二层北侧的企鹅区。仿真岩石排列在一侧，再现了麦哲伦企鹅在阿根廷的栖息环境

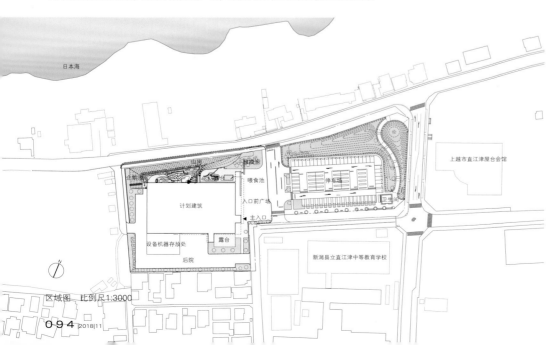

区域图　比例尺1:3000

东北侧全景。游客经东侧入口入馆，东侧外壁呈海底地层的形态，采用窄幅杉木板为模板的原浆混凝土饰面。最大高度达17 982 mm

唤醒城市活力——水族馆

　　水族馆所在的直江津，凭借工业港口及其所支撑的铁路交通枢纽优势发展起来。但由于产业结构的变化，逐渐失去了曾经的繁华。随着2015年北陆新干线的开放，水族馆作为一大揽客设施，吸引人们再次来到这里，向人们展示日本海沿岸城市的无限魅力，受到当地民众的喜爱和赞誉。我们有感于上越市"水族馆——唤醒城市活力"的理念，参加了2014年的公开提案会。

　　我们最重视的是最大限度挖掘这里所拥有的无限潜力。提案中，日本海大水槽完美再现了日本海壮丽的海底地形，露台可以将日本海的海上落日之美尽收眼底，这些将带给游客独一无二的体验，在吸引游客的同时，亦可激发当地人重新探寻家乡的魅力。

　　此外，考虑到建设期间同周边文教设施和公园等积极合作开展活动，我们将设计灵活且方便使用的设施，例如，设置在免费区域的餐厅，内外可以直接进出的特展大厅，以及在停车场举办活动时四周可用作观众席的草岗等。

　　作为水族馆，在为人们提供服务的同时，也将成为当地民众每天都可以轻松利用的公共设施。正是这种同当地合作的设施的运营方式，才能够真正为城市重新注入活力。水族馆开放之前，城市基本

规划预计第一年度将迎来60万名游客，而在开放后短短4个月，就已有超过50万人到访。凭借新型水族馆在硬件、软件两方面的举措，及其强大的吸引力，直江津也发生了翻天覆地的变化。我们深知，收获最终的胜利果实绝非一时之功，我们还要继续奋斗，在建设水族馆的同时，为整个城市的重焕生机出谋划策。

（河野建介/日本设计）

3层落日露台视角。黄昏之景。日本海大水槽将日本海的真实海底地形压缩到1/10 000倍（高度比1/250），再现了包括展示生物在内的日本海的自然环境。深7.3 m，地形起伏不平，在海中绵延。右侧是压缩后的佐渡岛

左：日本海大水槽内部/右上：2层西厅打开的天窗，可以看见水槽上部游动的鱼类/右下：长7.8 m，连通2层西厅（能登侧）和东厅（佐渡侧）的海底隧道，由亚克力（有机玻璃）制成，厚120 mm，行走其中，宛如漫步在奇妙的海底世界

设计：日本设计
施工：大成•田中•高舘企业联营体
用地面积：9504.84 m²
建筑面积：3303.60 m²
使用面积：8439.61 m²
层数：地上3层
结构：钢筋混凝土结构　部分钢筋结构
工期：2016年5月—2018年5月
摄影：日本新建筑社摄影部
（项目说明详见第158页）

上：东侧入口大厅/中：北侧入口大厅视角。进入馆内，首先乘自动扶梯登上3层，可在下楼的同时欣赏2层、1层/下：回顾1层北侧入口大厅。顶棚高7790 mm

看向1层餐厅南侧。设有免费区域，方便当地民众利用

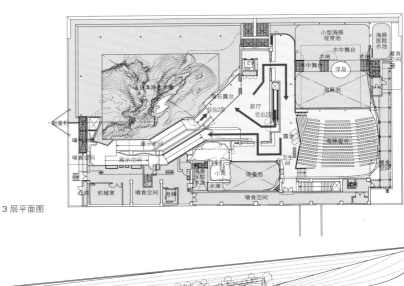

3层平面图

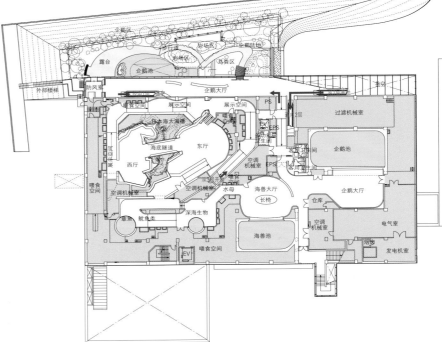

2层平面图

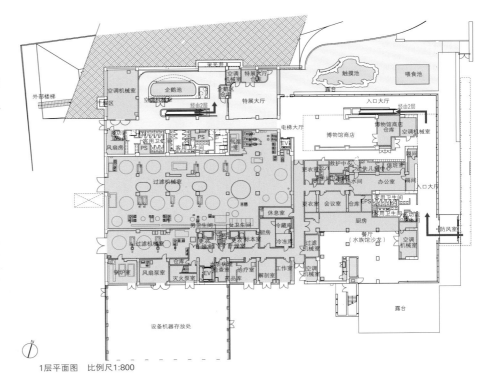

1层平面图　比例尺1:800

3层海豚池

从3层和2层之间的坡看向日本海大水槽

能登大厅。通向2层西厅（能登侧）的坡道。环绕日本海大水槽向下延伸

2层能登大厅。日本海大水槽出现在展示室一侧

越过2层挑空企鹅大厅看向企鹅池

1层展示室看向企鹅池

■水槽内压缩的日本海生态系统 （从提案到施工的讨论过程）

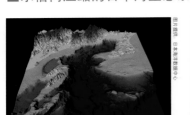

1. 上越市的海底地形数据。复杂的地形是日本海生态系统的基础

2. 提案时的模型。提出将海底地形融入建筑并与展示空间融为一体的计划

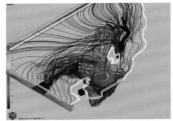

3. 运用CFD(近代流体力学)，采用非恒定分析来验证复杂形状的半室内水流和水温管理是否存在问题

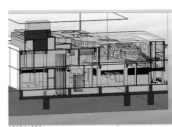

4. 模拟确定出水口等的管道位置，将其反馈到3D数据加以整理

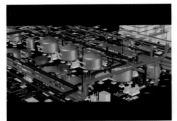

9. 运用三维信息，调整支撑水槽的大量饲养设备和管道体积

10. 三维确认综合图，检查维护保养和更新的情况

11. 在众多相关人士在场的阶段，难以仅仅依靠图纸传达形状，因此采用三维信息管理方式

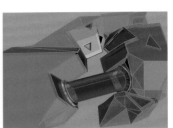

12. 大水槽采用混凝土主体架构和FRP仿真岩石，为了最大限度减少死角，计划将主体构建成多面体形状

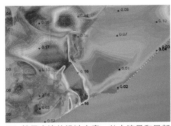

17. 基于水流的设计方案，从大流量和局部流量两个角度进行最终验证

18. 基于平面展开图，采用NC加工切割型板，进行高精度组装

19. 复杂的钢筋布置，最终通过手工弯曲进行调整

20. 在制造之前进行最终尺寸调整，例如，确保亚克力隧道的可清洁空间

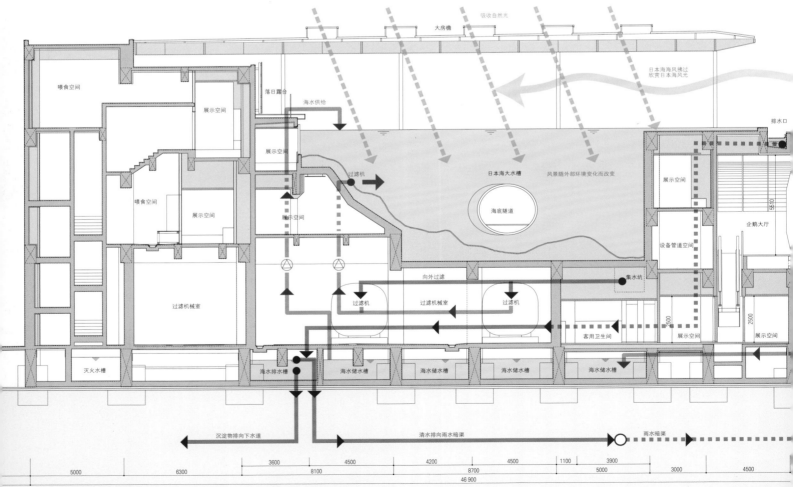

南北剖面图　比例尺1:250

5. 探讨大屋檐的情景。对3层视角所见和积雪耐压结构构件同时进行确认

6. 主框架模型。自动形成复杂的大型水族箱和坡道形状

7. 采用3D模型，验证海豚表演的可见范围，确定海豚看台的阶梯坡度

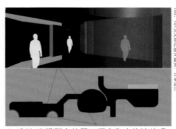

8. 确认3D模型中的展示顺序和水族馆外观

13. FRP仿真岩石使用黏土模型，最终确定管道位置和形状

14. 使用3D模型细致调整仿真岩石外观设计。制作上，使用模型的3D扫描数据

15. 确认亚克力窗视角所见，确定仿真岩石的形状和纹理

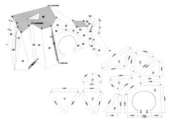

16. 使用3D模型的平面展开图，建造大水槽主体的框架模板

21. 为了能够使游客体验到海底世界的深邃，亚克力隧道采用3种截面曲率组合而成的扁平形状

22. 日本海大水槽主体防水施工，设置亚克力隧道

23. 日本海大水槽主体的淹没试验。进行防水试验的同时，开展密封性检查

24. 实际设置的大型过滤机。共计8台，覆盖范围涵盖日本海大水槽整体

将生态系统和建筑融为一体的技术

为了完美再现生物栖息的自然环境，日本海大水槽将日本海海底地形的透视图景融入建筑当中。日本海，特别是上越市的海底地形，高低起伏，复杂多变，乃是世界罕见。将此作为展示流线，为游客提供全新体验，游客可以在学习日本海生态系统的同时，充分感受海底地形的无限魅力。

在水槽中光和风的利用规划上，如何确保水生生物重要的栖息环境存在技术难题，如水流和水温等。在考虑通过太阳光射入提高水温、通过外部风速降低水温的同时，海水在水槽内的整体循环也极为重要。再则，考虑到饲养和展示两大方面，计划采用大水流，并运用CFD进行验证，如利用水流喷涌投饵，使鱼群游动等。

（寺崎雅彦／日本设计）

生命维持系统——水族馆

展示生物的排泄物和残留饵料等物质分解过程中产生的氨对鱼类有很强的毒性，过滤设备的主要功能是将它们转化成低害型的硝酸。在过滤器的过滤砂中繁殖的细菌将氨转化成硝酸，通过补给水及换水避免硝酸的过量积累。

为了实现过滤循环系统的节能化和紧凑化，在大水槽正下方设置密封式过滤机。而且，将所有设备都设置在室内，以保证设备在积雪和强风地带的可维护性。

（涉田周平／日本设计）

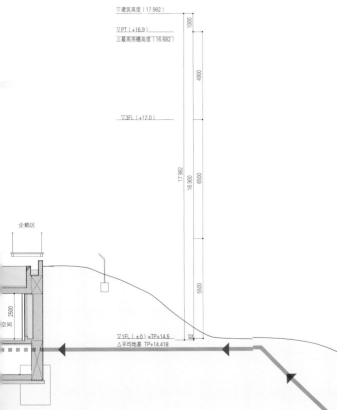

深圳小梅沙新海洋世界（水族馆）·
高端度假酒店

设计　佐藤综合计划＋乃村工艺社
所在地　深圳市盐田区小梅沙
THE NEW OCEAN WORLD & HIGH--END FULL--SERVICE HOTEL OF XIAOMEISHA AREA, SHENZHEN
architects: AXS SATOW + NOMURA

位置和环境的决定性作用

　　项目计划用地位于深圳小梅沙地区，这个项目倘若在日本，那么想必难以实现。深圳作为走在世界前列的高科技城市，聚集了众多IT相关企业。在经济层面上，在中国它是仅次于北京和上海的经济之都，同时更是一个势头正猛、潜力无限，能够为世界未来发展助力的城市。另一方面，临海的小梅沙地区作为一大旅游度假胜地，其特有的区位性在很大程度上影响了建筑的风格。更重要的是，深圳作为高科技城市的这种大环境对建筑的影响更为深远。这不仅体现在建筑方案上，甚至在设计方法等技术方面都起着决定性作用。我们设计团队的目标是，充分考虑所有的环境因素，以达到环境和建筑的和谐统一，包括运用数据处理、解析和3D打印机来进行研讨。让我深刻意识到差异所在的是客户对创意的敏锐感知。也许，这亦是中日两国事物生长土壤的差异之处。这个项目为世界建筑师打开了崭新的大门，也给予了建筑师莫大的力量和坚定的意志来实现这一目标。

（细田雅春／佐藤综合计划）

（翻译：赵碧霄）

深圳经济特区开发集团主办的国际提名建筑设计竞赛——"深圳小梅沙地区：新海洋世界（水族馆）·高端度假酒店建筑设计竞赛"的最佳提案。小梅沙地区位于距离广东省深圳市中心约30 km的南海沿岸地带，该项目是地区全面开发计划的核心项目。立体人行道不仅连通用地内部，同时将周边的办公楼、住宅和商业设施连接起来，人流在其中往复不息，为小梅沙地区整体注入活力。

深圳新城战略——水族馆度假区

每个城市都拥有自己独特的丰富性和流动性，这也是城市的魅力所在。深圳仿佛是将各种活力凝聚一身的城市，为了进一步提升城市吸引力，推出新城战略——水族馆度假区。如今，人们深刻认识到水族馆作为旅游资源所拥有的强大潜力。小梅沙海滩绵长，山明水秀，在这里建设水族馆、酒店及商业一体化的复合型度假区，这种旅游战略想必一定会吸引全世界的关注。立体人行道如同循环流动的南海海流，将用地内外连通，唤醒小梅沙区域活力。

建筑、结构与展示联动

考虑是否可以在流线造型和空间构成中展现深圳沿岸南海海流和城市能量。将所有展示项目、结构、人流和谐相融，让这里富有流动性，实现"建筑、结构和展示项目的联动性"。

三角形框架在螺旋轨迹上自动旋转，打造崭新的立体曲面和扭曲空间。这样的造型能够充分利用建筑的象征意义和空间特征，增强展示效果，最大限度发挥水族馆的潜力。两个三角形框架相互支撑形成横截面和外壳的扭转，增加整个结构框架的强度，创造无柱式管状内部空间和中心处巨大空间。

空间中央的巨大圆柱形水槽，宛如深海中的海底洞穴，迎接游客进入入口大厅，内部环形电梯仿佛给人们带来潜水体验。探讨建筑、结构和主立面时，采取3D参数化建模的方法，内部空间序列也均考虑使用3D模型。目前，不仅在软件上，3D打印机也正在进行输出、确认和反馈。高科技城市+水族馆度假区的新颖组合不仅会影响建筑设计，还冲击到了设计本身，为推进深圳的新城市战略碰撞出创新的火花。

（鉾岩崇／佐藤综合计划）
（翻译：赵碧霄）

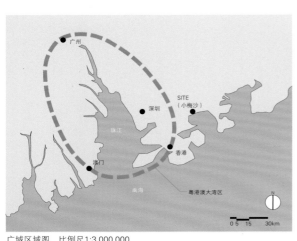

广域区域图　比例尺1:3 000 000

上：水族馆外观设计以南海海流为主题
左：深圳与广州、香港和澳门等同为粤港澳大湾区（超级湾区构想）*的核心城市。目前，这一湾区的经济规模仅次于日本东京湾区和美国纽约湾区，预计将于2025年赶超日美。深圳担负着促进全面推动湾区互惠合作的重要作用，与邻近的香港和广东省省会广州共同竞争这一大型城市群的主导地位

区域及2层平面图　比例尺1:4000

北侧看向水族馆。三馆（南海馆、太平洋馆、极地馆）呈螺旋式相互掩映，错落有致，宛如一体，缩短了水源输送距离，实现设备集约化

看向海洋主题大厅（左）、高端度假酒店（右）。立体人行道连通各处设施，促进人员整体流动。未来计划将地铁站经由导游中心连通至高端度假酒店、海洋主题酒店、研究所和新海洋世界

海洋蓝洞水槽位于中央大厅中心，大厅外围三馆环绕，空间巨大。两个柱形水槽中间夹有环形电梯。通过内外两层水槽的设计，游客从1层登上4层，仿佛海底潜水，趣味无穷

入口大厅视角，真实的水族馆和投影映射的影像相互重叠，宛如潜入海底

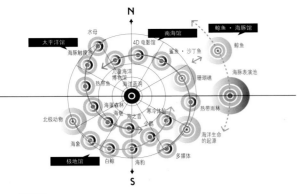

展示图

以海洋蓝洞为中心呈现螺旋式空间结构，展示顺序为从热带雨林开始，经由南海，通向极地地区。游客可一边游览，一边了解海洋生物的生态知识。设计重视环境丰富度，从而改善环境质量，实现新型建筑空间和展览空间和谐统一

海洋蓝洞水槽视角。直径22 m，世界上最大的柱形水槽。自然光从上面的天窗射入水槽，梦幻闪耀，吸人眼球

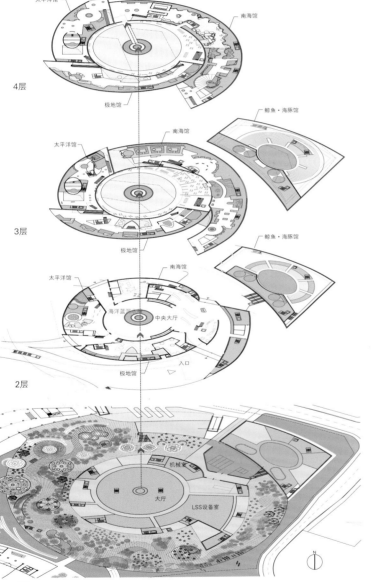

4层

3层

2层

1层
等角投影图

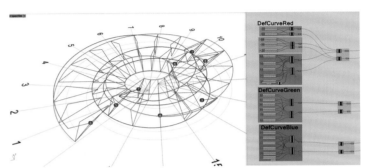

运用Rhinoceros + Grasshopper进行参数化建模。结构轴线的辐射线格网上共排列三角形框架41个，通过数值调整其中8个代表性顶点坐标，可自动生成所有三角形框架

两个三角形框架相互支撑的横截面形状

水族馆的框架为一体化结构，一侧边长约30 m的三角形框架在柱形水槽（海洋蓝洞水槽）四周呈螺旋状规律性环绕两周，与桁梁牢固地结合在一起，形成一个整体。外部装饰表面与扭曲的三角形棱柱相连，各自形成HP曲面，能够有效抵抗由于重力、风压等引起的平面外力。虽然单个三角形框架在螺旋式放射方向上倒置，极不稳定，但是通过环绕两周，任意结构面上的两个三角形框架都能够相互支撑，从而形成了稳定性极高的框架结构。

（南公人／Arup）

运用参数分析确定形状

在确定形状的过程中，运用计算建模方法，探究如同海螺般的三角形框架概念，是一种能与水族馆的功能空间共存的表现形式。

根据关键的三角形框架形状及其扭转程度，对参数模型进行数据调整，定义建筑整体形状，从而可以各自调整彼此关联的设计、结构和平面计划。关于具有象征意义的主立面外观设计，同时运用结构框架的参数模型，如此可在设计初期考虑装饰材料及其设计、底层结构和支撑构件的实际协调性，进行合理规划。

（天野裕／Arup）

新海洋世界

设计　建筑·展示
　　　佐藤综合计划＋乃村工艺社
　　　结构：Arup
　　　设备：佐藤综合计划
用地面积：89 614 m²
建筑面积：19 000 m²
使用面积：50 750 m²

层数：地上5层　地下1层
结构：钢筋结构　部分钢筋混凝土结构
工期：（整体预计）
　设计期间：2018年7月—2019年9月
　施工期间：2019年10月—2021年12月
图片提供：佐藤综合计划
（项目说明详见第159页）

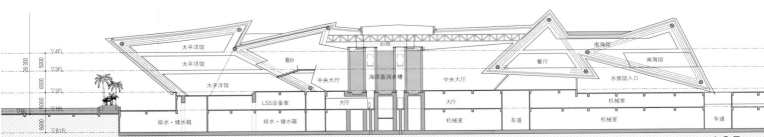

剖面图　比例尺1:1000

丰田卡罗拉 新大阪名神茨木店

设计施工　竹中工务店
所在地　大阪府茨木市
TOYOTA COROLLA SHINOSAKA MEISHIN IBARAKI
architects: TAKENAKA CORPORATION

北侧俯瞰图。从国道下来后，场内道路顺着试驾路线一直蜿蜒至屋顶，室外展示场名为
"驻车峰"。由于1层设有展厅和维修厂，这决定了屋顶的基本剖面形状。从整体外形
可以窥见顶下的展厅和试驾驶区域顶棚高度、汽车上坡路坡度、光照和空气流动等室内
环境

内部空间墙壁和天花板连为一体，呈隧道状。顶棚高度3700 mm~4875 mm。中央的内部楼梯通向室外展示场"驻车峰"

平面图　比例尺1:1200

发现属于自己的生活方式

在日本国内汽车需求量减少和年轻人不买车的背景下，利用共享车和拼车的情形逐渐增多，电动车与无人驾驶车的出现使得汽车行业迎来巨大变化。另一方面，到零售店购车的顾客从2001年的57%上升到2017年的84%，试驾驶的顾客也从44%上升到71%。相较从前，零售店接待顾客的重要地位日益凸显。我们在设计新车展厅时，不仅设置销售区，同时设置展现汽车亲和性的室外商店等店中店，不仅服务老顾客，也让初次来店的新顾客发现属于自己的生活方式，构建"新移动时代人与车的关系"。

地板、墙壁和天花板连为一体，呈现隧道状外观，打造出城郊结合处新的休息站。道路绕店一圈，通向屋顶，作为试驾驶路线使用。原本区分车辆运行的行车线到屋顶形成室外展示区，展现五种不同风格。隧道状木质纹理包裹的内部空间内设有室内展厅以展示车辆，此外也设置室外商店和休息室。前来维修车辆的顾客可以放松休闲，对汽车不感兴趣的人也同样可以在此驻足休息。室外商店的帐篷作为儿童角使用。休息室长长的书架上，摆放与屋顶展区主题相呼应的五种主题的图书。在开放的曲面空间中，一边眺望室外商品，一边与家人一起选择车子，不知不觉中，人们会发现一种与以往不同的生活方式。从展厅中央的螺旋扶梯向上走，可以到达室外展示场。眼前是宽广无垠的天空和一大片铺展的草坪，为人们呈现假日风景和新生活方式。人们可以站在小山丘上眺望居住的小镇，或是畅想未来新的生活方式。

（米津正臣+三田村聪/竹中工务店）

（翻译：朱佳英）

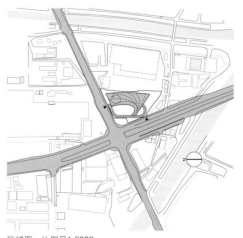

左：通过螺旋扶梯从室外展示场看向室内/右上：屋檐下的二手车试驾驶路线/右下：用于等待维修或者进行商谈的休息室内摆放着代表五种生活方式的书，有户外、艺术与时尚、设计等

区域图　比例尺1:8000

休息室一览。为减轻屋顶厚重感，设备集中于照片左侧
的核心部分。空调在上方空间水平送风，沿墙壁传递到
整个室内空间

摄影：日本新建筑社摄影部

设计施工：竹中工务店
用地面积：5905.49 m²
建筑面积：2143.11 m²
使用面积：1978.70 m²
层数：地上1层
结构：钢架结构
工期：2017年11月—2018年8月
摄影：日本新建筑社摄影部
（项目说明详见第159页）

南侧视角。计划道路坡度1/6~1/12。屋顶水泥面上铺设超速硬化氨基甲酸乙酯防水涂层。选用与沥青材质相近的材料

车与人的新关系

该设施内同时设有二手车展示场，在有限的建筑用地中留出"室外展示空间"和"试驾驶路线（全长200 m）"。沿曲线状道路设置展厅和维修厂等内部空间，屋顶笼罩整个空间并向外凸出，由于能够连接地面，所以屋顶设置为室外展示场。为使汽车可以顺利驶上屋顶，设计方案除了满足内部的展厅和试驾驶路线的顶棚高度，还调整坡度到合适值1/6。剖面与平面参数构成新坐标系，其中包含结构合理性、空调空气流动、照明计划等，展现

计划、构造与设备的融合，进而整合施工（地板铺设方式和墙壁的弧度等）条件，实现建筑整体的协调。这里产生的新空间坐标系，不仅满足人的尺寸，同时也满足道路的弧度和坡度等汽车所需的尺寸，从而孕育出一个全新的空间。这不是给平面赋予高度的立体构造方法，而是把汽车的动态体验空间化、开放化，称得上是"车与人的新关系"。

（米津正臣＋三田村聪／竹中工务店）

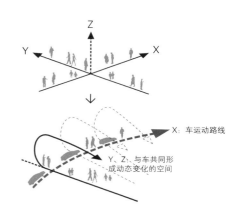

把汽车的动态体验空间化、开放化的"车与人的新关系"

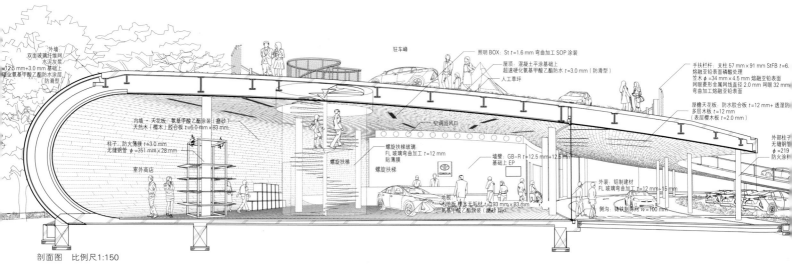

剖面图　比例尺1:150

左：东北视角。放射方向框架设计为同一形状的延续。将三角形场地前侧道路当成正面，作为决定整体形态的参数
右：南侧俯瞰图。车辆沿屋顶展示场的5条线停放，形成不同主题的展示区域

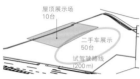
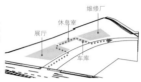
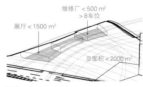
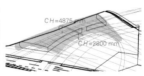
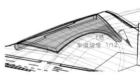

方案
在两条道路中间的扇形区域设置展厅和二手车展示场。室外展示区最多展示10台，二手车展示区最多约50台，此外设有试驾驾驶线。

区域划分
展厅沿北侧国道设置，内侧为休息室、车库，具有回游性。场地南端设置维修厂。

面积
维修厂设置8个维修车位，展厅满席位（44席），总面积2000 m²以下，展示场1500 m²以上，维修厂500 m²以上。选择合理区划和消防设备。

顶棚高度
展厅基本顶棚高度在3700 mm~4875 mm，车道侧为2800 mm以上。

屋顶（车道）坡度
屋顶坡度1/6供车辆行驶，为不摩擦车辆底盘，与地面连接处坡度设为1/12。

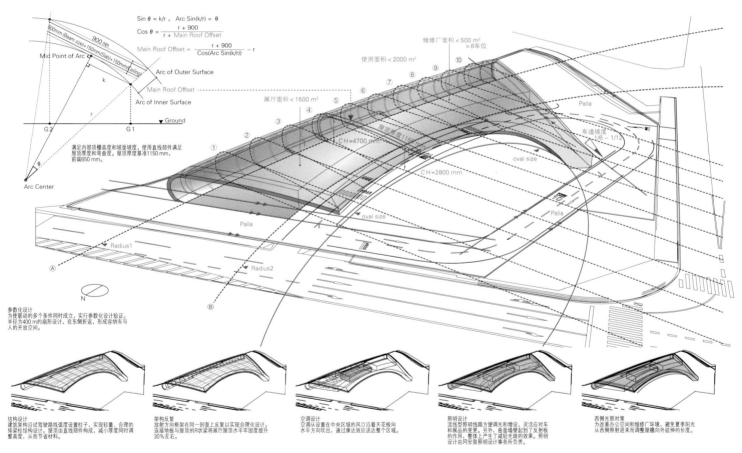

$$\sin\theta = k/r, \quad \text{Arc }\sin(k/r) = \theta$$
$$\cos\theta = \frac{r + 900}{r + \text{Main Roof Offset}}$$
$$\text{Main Roof Offset} = \frac{r + 900}{\cos(\text{Arc }\sin(k/r))} - r$$

满足内部顶棚高度和坡面坡度，使用直线部件满足屋顶厚度和曲率度。屋顶厚度基准1150 mm，前端650 mm。

参数化设计
为使联动的多个条件同时成立，实行参数化设计验证。半径为400 m的扇形设计，在东侧折返，形成容纳车与人的开放空间。

结构设计
建筑架构沿试驾驾驶路线弧度设置柱子，实现轻量、合理的纯梁柱结构设计。屋顶由直线部件构成，减小厚度同时调整高度，从而节省材料。

架构反复
放射方向框架在同一剖面反复以实现合理化设计。连接地板与屋顶的R状梁将展厅屋顶水平率固定提升30%左右。

空调设计
空调从设在中央区域的风口沿着天花板向水平方向吹出，通过像这样应送达整个区域。

照明设计
流线型照明线路方便调光和增设，灵活应对车辆和展品的变更。另外，曲面墙壁起到反射板的作用，整体上产生了减轻光斑的效果。照明设计由冈安泉照明设计事务所负责。

西侧光照对策
为改善办公空间和维修厂环境，避免夏季阳光从西侧照射进来而调整屋檐向外延伸的长度。

由形态决定的图解
上方5图：根据参数化设计确定外形
下方5图：将参数计算的外形设计为合理的建筑

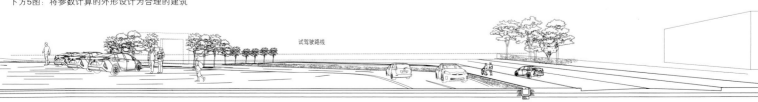

试驾驾驶线

二手车展示场

日本压着端子制造 东京技术中心

设计　冈部宪明ARCHITECTURE NETWORK
施工　松井建设
所在地　神奈川县横滨市北区
JST TOKYO ENGINEERING CENTER
architects: NORIAKI OKABE ARCHITECTURE NETWORK

日本圧着端子製造株式会社

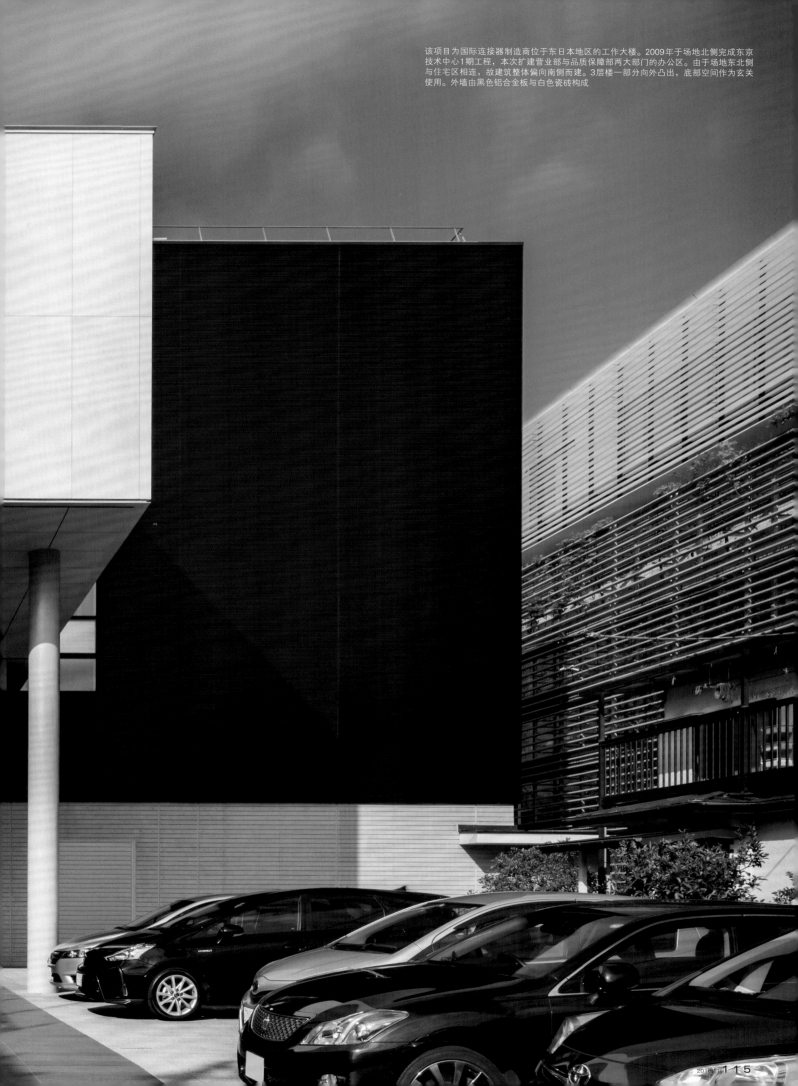

该项目为国际连接器制造商位于东日本地区的工作大楼。2009年于场地北侧完成东京技术中心1期工程，本次扩建营业部与品质保障部两大部门的办公区。由于场地东北侧与住宅区相连，故建筑整体偏向南侧而建。3层楼一部分向外凸出，底部空间作为玄关使用。外墙由黑色铝合金板与白色瓷砖构成

从原建筑看向新大楼。各层拱形天花板照明光线柔和，点亮室内空间

由4层办公室中庭看向原建筑。中庭顶部为天窗，可透射自然光

设计：建筑：冈部宪明ARCHITECTURE NETWORK
　　　结构：T&M ASSOCIATES
　　　空调·卫生：ES ASSOCIATES
　　　电气环境：Total System
施工：松井建设
用地面积：3051.99 m²（包含原建筑）
建筑面积：586.52 m²
使用面积：2655.08 m²
层数：地下1层　地上5层
结构：钢架结构　部分钢架钢筋混凝土结构
工期：2016年7月—2017年12月
摄影：日本新建筑社摄影部（特别标注除外）
（项目说明详见第160页）

西侧视角。左手边为原建筑,右手边为新建筑。两栋建筑之间是带有水池景观的凉棚和种有植物的中庭,通过地下采光井等各种外部空间相互连接

新楼扩建强化建筑关联性

国际连接器制造商——日本压着端子制造一直计划建造东日本地区工作大楼。2009年建于北侧的东京技术中心1期工程竣工。本次项目为2期工程,于2017年12月完成新楼扩建。虽然选址位于工业地区,但是随着周边住宅的增加,逐渐形成住宅区。所以,为实现地区建筑整体的紧凑性,需要注重构建包括原建筑在内的建筑区域整体的紧密性和关联性。

新大楼钢架钢筋混凝土结构的地下1层与地上1层为品质保障部门,负责对保证连接器性能的各种设备进行抗压与防噪音处理。营业部门分布于2至4层。两大部门之间由西侧视野开阔且坡度缓和的楼梯连接。尤其是营业部门所在楼层,中央是连接至屋顶的中庭,自然光透窗而入,小组活动在可见的空间内展开。2层自由工作区兼具访客接待功能,还有屋顶菜园(庭院)等活动空间。2至4层办公空间基本沿袭原有建筑的地板式送风空调与拱形天花板,利用新设计的间接照明让整个空间充满柔和的光线。

本项目除计划扩建营业部门与品质保障部门办公区外,还将重点放在如何实现包括原建筑在内的整体建筑功能一体化上。两栋大楼之间有两处外部空间,分别是包含地下采光井的中庭和具有水池景观的凉棚。两楼中庭与存在多重空隙的空间使得各办公区获得视觉上的关联性。地面新设连廊,增设绿化带,保证通行路线的连贯性。

新大楼呈立方体,外部主要用黑色铝合金板配以白色瓷砖,具有视觉冲击效果,与原有建筑外形结构相呼应,为都市景观打造新的风景线。

(冈部宪明+山口浩司/冈部宪明ARCHITE-CTURE NETWORK)

(翻译:朱佳英)

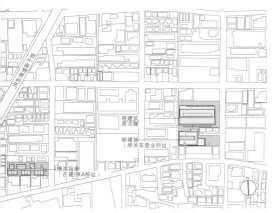

区域图 比例尺1:5000

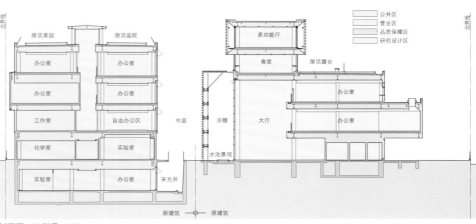

剖面图 比例尺1:500

中庭将4层办公室分为左右两侧自由办公区，员工可采用多种办公方式。左侧由于下层顶棚较高，地面整体抬升450 mm，并据此配置高度不同的办公桌。员工也可利用立式办公桌办公

由2层自由办公区看向原建筑。拱形天花板连接处设置照明灯具，由长4990 mm的无缝人工大理石与LED灯组合而成。可移动榻榻米块能拼合出多种形状

左：原建筑视角。中庭部分设置水池景观/中：白色墙体内部为3层总经理办公室。里侧为采光中庭/右：由3层办公室看向原建筑。原创羊角包形状办公桌，满足办公桌灵活组合需要

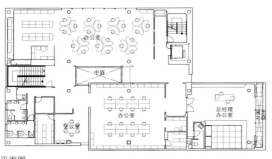

3层平面图

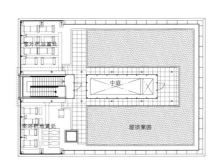

5层平面图

2层平面图

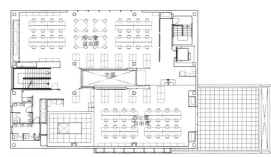

4层平面图

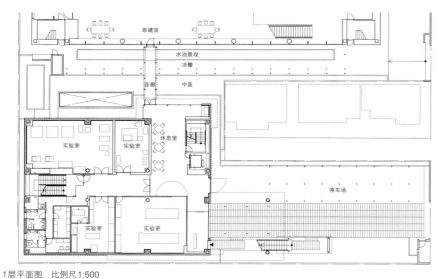

1层平面图　比例尺1:500

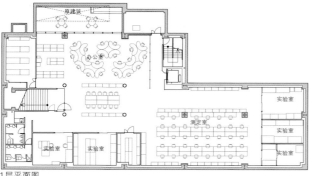

地下1层平面图

上：地下1层办公室视角。利用楼梯与采光井进行采光，摆脱地下空间闭塞感/下：采光井

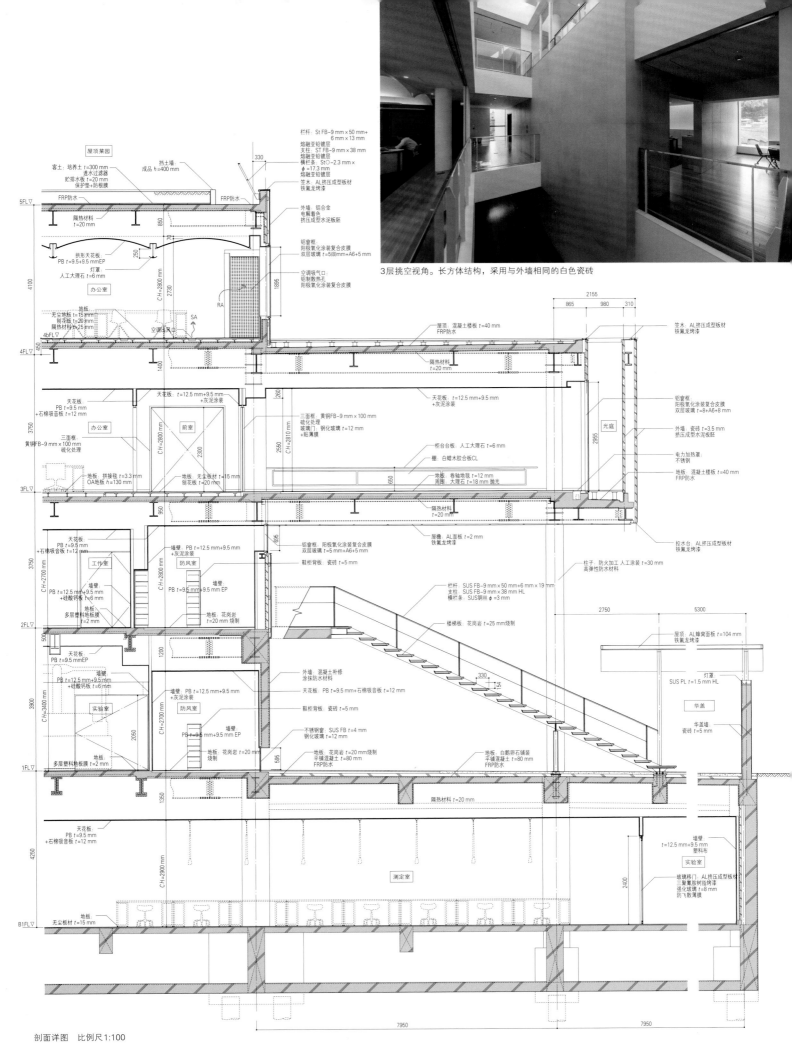

3层挑空视角。长方体结构，采用与外墙相同的白色瓷砖

屋顶菜园
客土：培养土 t=300 mm
贮排水板 t=20 mm
保护板+防根膜
透水过滤器
挡土墙
成品 h=400 mm
FRP防水
FRP防水

栏杆：St FB-9 mm×50 mm+6 mm×13 mm 熔融亚铅镀层
支柱：ST FB-9 mm×38 mm 熔融亚铅镀层
横栏条：StO-2.3 mm× φ=17.3 mm 熔融亚铅镀层
笠木：AL挤压成型板材 铁氟龙烤漆
外墙：铝合金 电解着色 挤压成型水泥板胚
铝窗框：阳极氧化涂装复合皮膜 双层玻璃 t=5(8mm)+A6+5 mm
空调吸气口：铝制散热孔 阳极氧化涂装复合皮膜

隔热材料 t=20 mm
拱形天花板：PB t=9.5+9.5 mmEP
灯具
人工大理石 t=6 mm
办公室
CH=2800 mm
RA
SA

无尘地板 t=15 mm
刨花板 t=20 mm
隔热材料 t=25 mm
地板
空调出风口

屋顶：混凝土楼板 t=40 mm FRP防水
隔热材料 t=20 mm
笠木：AL挤压成型板材 铁氟龙烤漆
铝窗框：阳极氧化涂装复合皮膜 双层玻璃 t=8+A6+8 mm
外墙：瓷砖 t=3.5 mm 挤压成型水泥板胚
光庭

天花板：PB t=12.5 mm+9.5 mm +石棉吸音板 t=12 mm
办公室
天花板 t=12.5 mm+9.5 mm +灰泥涂装
前室
CH=2800 mm
三面框：黄铜FB-9 mm×100 mm 硫化处理 玻璃门 钢化玻璃 t=12 mm +贴薄膜
三面框：黄铜FB-9 mm×100 mm 硫化处理
天花板 t=12.5 mm+9.5 mm +灰泥涂装
柜台台板：人工大理石 t=6 mm
棚：白蜡木胶合板CL
电力加热罩：不锈钢
地板：混凝土楼板 t=40 mm FRP防水

地板：拼接毯 t=3.3 mm OA地板 h=130 mm
地板：无尘板材 t=15 mm 刨花板 t=20 mm
地板：卷轴地毯 t=12 mm 周围 大理石 t=18 mm 抛光
隔热材料 t=20 mm

天花板：PB t=9.5 mm +石棉吸音板 t=12 mm
工作室
CH=2700 mm
墙壁：PB t=12.5 mm+9.5 mm +硅酸钙板 t=6 mm
地板：多层塑料地板膜 t=2 mm
墙壁：PB t=12.5 mm+9.5 mm +灰泥涂装
防风室
墙壁：PB t=9.5 mm+9.5 mm EP
地板：花岗岩 t=20 mm 烧制
铝窗框：阳极氧化涂装复合皮膜 双层玻璃 t=5 mm+A6+5 mm
鞋柜背板：瓷砖 t=5 mm
屋檐：AL面板 t=2 mm 铁氟龙烤漆
挖水台：AL挤压成型板材 铁氟龙烤漆
柱子：防火加工 人工涂装 t=30 mm 高弹性防水材料

栏杆：SUS FB-9 mm×50 mm+6 mm×19 mm
支柱：SUS FB-9 mm×38 mm HL
横栏条：SUS钢丝 φ=3 mm
楼板板：花岗岩 t=25 mm 烧制

天花板：PB t=9.5 mmEP
墙壁：PB t=12.5 mm+9.5 mm +硅酸钙板 t=6 mm
实验室
CH=3400 mm
地板：多层塑料地板膜 t=2 mm
外墙：混凝土补修 涂抹防水材料
天花板：PB t=9.5 mm+石棉吸音板 t=12 mm
墙壁：PB t=12.5 mm+9.5 mm +灰泥涂装
防风室
鞋柜背板：瓷砖 t=5 mm
不锈钢窗：SUS FB t=4 mm 钢化玻璃 t=12 mm
墙壁：PB t=9.5 mm+9.5 mm EP
地板：花岗岩 t=20 mm 烧制
地板：花岗岩 t=20 mm 烧制 平铺混凝土 t=80 mm FRP防水
地板：白鹅卵石铺装 平铺混凝土 t=80 mm FRP防水

屋顶：AL蜂窝面板 t=104 mm 铁氟龙烤漆
灯罩：SUS PL t=1.5 mm HL
华盖
华盖墙：瓷砖 t=5 mm

隔热材料 t=20 mm

天花板：PB t=9.5 mm +石棉吸音板 t=12 mm
CH=2900 mm
测定室
墙壁 t=12.5 mm+9.5 mm 塑料布
实验室
玻璃移门：AL挤压成型板材 三聚氰胺树脂烤漆 强化玻璃 t=8 mm 防飞散薄膜
地板：无尘板材 t=15 mm

剖面详图　比例尺1:100

日本终端电压制造 名古屋技术中心分馆 —Petali—

设计　Atelier KISHISHITA
施工　波多野工务店
所在地　爱知县MIYOSHI市
JST NEC–B –PETALI–
architects: ATELIER KISHISHITA

工业用地周围被高尔夫球场环绕，在这块建筑用地之上重新修建研究实验楼。直径为12m的6个正圆相互连接；建筑外壁使用5种类型的瓷砖，使用木条镶板给室内空间增添木质元素，给人更加柔和的空间体验。屋顶绿植和实验楼周边环境协调，呈现出人与自然和谐相融的整体氛围

东侧视角。连接入口大厅的门廊，5种瓷砖错落有致排列形成设计感极强的表面

左：顶部安装有木条镶板/中：与房顶的设计相结合，沿着圆形顶部外周的圆弧状大梁的中央部呈拱桥状。在浇筑混凝土时，
纤维强化水泥板作为定型使用。在完工后也可作为吸音板使用/右：外壁瓷砖施工中

创造一个新的实验环境

该实验用建筑建于爱知县中部的一个小工业园区内。实验机越来越趋大型化，为对应该发展趋势，从室内实验环境的优化到周围噪音防控等多个方面都采取了措施。在保证功能性的同时也在其他方面创造了新的价值。

6个直径为12 m的正圆建筑，外壁均由厚度为400 mm的钢筋混凝土构成。其中一个是入口大厅，其余五个是互相连接又各自独立的实验室，从整体来看是一个极具灵活性的圆形空间。

中央区域是通往屋顶的台阶，维修时使用，恰好形成一个光照空间。纤维强化水泥板用作内墙和天花板的基底，经过防燃处理的杉木木条镶板安装在房间的内壁和天花板上。由于将各个建造材料作为零件生产后再进行组装，生产压力小且效率高，缩短了工期。木条镶板与纤维强化水泥板对室内减少噪音发挥了作用，整个空间布局大方简洁。

另外将这些木条镶板设计成便于拆卸的形状，以便轻松应对重新装修时的需要。在各个实验室放置了R形实验大型钢制建具，考虑到更好的隔音效果，设置了两层屏障。室内空间的木条镶板装饰，使室内大型机器不会过于突兀和显眼。实验用机器需要排气口，空气从建筑底部进入，通过室内安装的鼓风机向屋顶上部排出。采取将实验室和圆弧边进行分隔的方法，安装铝制的滑动挡板，这样的设计也是为了方便维护鼓风机室以及保持整体环境的美观。

围绕工业园区的是整片的绿植，有高尔夫球场、生物研究所旁的绿地、建筑用地西侧的植被保护区。设计师以"万绿丛中一点红"为设计理念，设计了该建筑。建筑工人在外墙上小心翼翼地粘贴约75 000片订制瓷砖，在屋顶上种植四叶草等植物，建筑物与周围的自然环境非常协调。整个建筑物和周围的大自然相比虽然小巧，但是充满了灵性，让人一眼就能注意到。

（岸下真理＋岸下和代）

（翻译：程雪）

设计：建筑：Atelier KISHISHITA
　　　结构：满田卫资构造策划研究所
　　　设备：pulse设计
施工：多野工务店
用地面积：18 236.98 m²
建筑面积：4275.91 m²
（新建实验分馆 546.60 m²）
使用面积：16 147.84 m²
（新建实验分馆 613.08 m²）
层数：地上1层　阁楼1层
结构：钢筋混凝土结构
工期：2017年10月—2018年4月
摄影：绢卷丰（特别标注除外）
（项目说明详见第160页）

区域图　比例尺1:4000

环境实验室03视角。杉木木条镶板装饰在墙面以及天花板位置。各个圆形的中央位置为天窗，用于自然采光

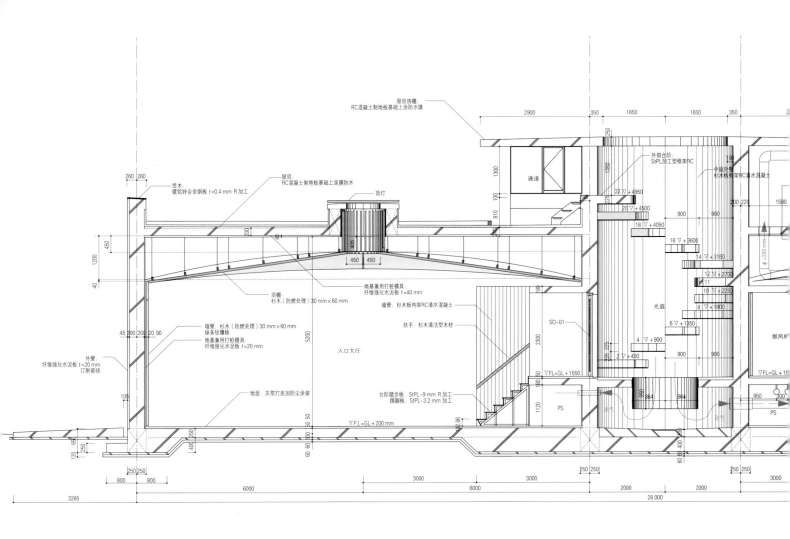

屋顶房檐：
RC混凝土制地板基础上涂防水膜

2900　350　1650　1650　350

外部台阶：
StPL加工型框架RC

中庭外壁：
杉木板构架RC清水混凝土

笠木：
镀铝锌合金钢板 t=0.4 mm R加工

屋顶：
RC混凝土制地板基础上涂膜防水

顶灯

通道

1300　100　810

22 ▽+4950
20 ▽+4500
18 ▽+4050
16 ▽+3600
14 ▽+3150
12 ▽+2700
11
10 ▽+2250
8 ▽+1800
6 ▽+1350
4 ▽+900
2 ▽+450

900　900

顶棚：
杉木（防燃处理）30 mm×60 mm

地基兼用打桩模具：
纤维强化水泥板 t=40 mm

墙壁：杉木板构架RC清水混凝土

扶手：杉木清洁型木材

SD-01

光庭

鼓风机

墙壁：杉木（防燃处理）30 mm×60 mm
纵条纹镶板

地基兼用打桩模具：
纤维强化水泥板 t=20 mm

入口大厅

▽FL=GL+1550

外壁：
纤维强化水泥板 t=20 mm
订制瓷砖

地面：灰浆打底加防尘涂装

台阶踏步板：StPL-9 mm R加工
踢脚板：StPL-3.2 mm 加工

▽FL=GL+200 mm

PS

PS

▽FL=GL+15

950　300

800　800　6000　3000　3000　2000　2000　3000

250 250　250 250　250 250　250 250

3265　28 000

剖面图　比例尺1:100

光照空间。外围设置维修时使用的台阶，中央位置连接
实验用机器，图中圆孔处是室内实验机器的排气口

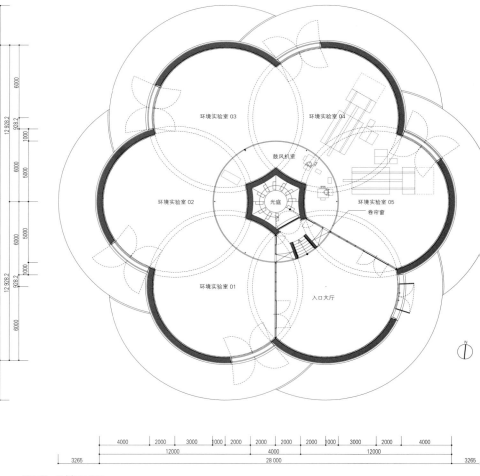

环境实验室03　环境实验室04

鼓风机室

环境实验室02　光庭　环境实验室05

卷帘窗

环境实验室01

入口大厅

N

6000　12 928.2　928.2　1000　6000　5000　6000　5000　6000　1000　928.2　12 928.2　3265

25 866.4

4000　2000　3000　1000　2000　2000　1000　3000　2000　4000
12000　4000　12000
3265　28 000　3265

平面图　比例尺1:300

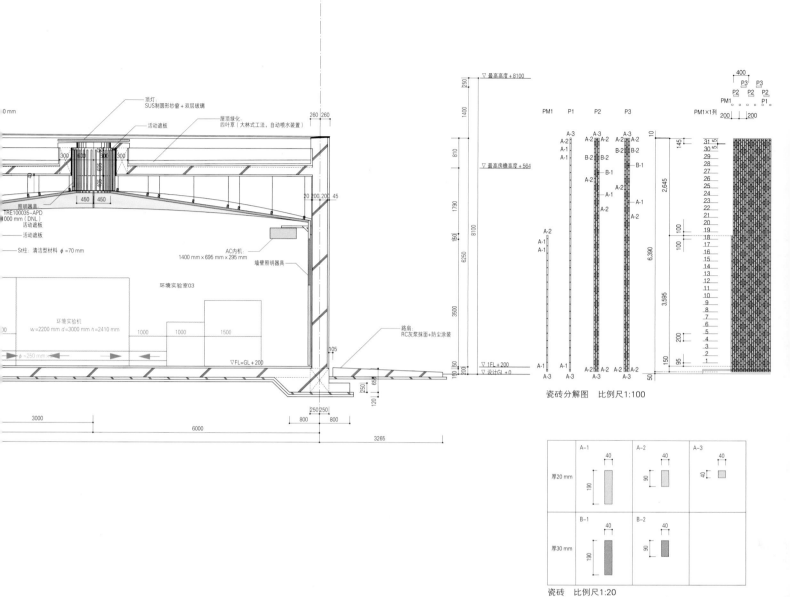

顶灯：
SUS制圆形纱窗＋双层玻璃

活动遮板

屋顶绿化：
四叶亭（大林式工法，自动喷水装置）

照明器具：
TRE100035-APD
000 mm（DNL）
活动遮板

活动遮板

St柱：清洁型材料 φ=70 mm

AC内机：
1400 mm × 695 mm × 295 mm

墙壁照明器具

环境实验室03

环境实验机
w=2200 mm d=3000 mm h=2410 mm

φ=280 mm

1000　1000　1500

∇FL=GL+200

路肩：
RC灰浆抹面＋防尘涂装

300　600　500　300
450　450
260　260
3000
6000
3265
800　800

∇最高高度 +8100
∇最高房檐高度 +564
∇1FL +200
∇设计GL ±0

PM1　P1　P2　P3　　PM1×1列

A-1　A-2　A-3　B-1　B-2

瓷砖分解图　比例尺1:100

	A-1	A-2	A-3
厚20 mm	40 / 190	40 / 90	40 / 40

	B-1	B-2
厚30 mm	40 / 190	40 / 90

瓷砖　比例尺1:20

　　该设计将6个钢筋混凝土建造的直径为12 m的圆形重合设计在一个直径为16 m的圆形上。是一个非常具有几何感的建筑设计。为了打造较为圆滑且能耐受巨大压力的曲面墙壁，最终选择钢筋混凝土结构。虽然是平房，但由于楼层高达5.4 m加之和高承重壁之间的距离也很远，所以墙壁厚度达到了400 mm，这样可以耐受垂直和弯曲的压力还能确保建筑的抗震性能。邻接的圆彼此重叠的范围作为内部空间，没有设置墙壁而是用圆弧梁支撑钢坯，圆弧梁的梁顶端部为1400 mm，中央是650 mm的拱形结构，这种设计使得顶棚空间没有断开，而是一个圆形的连续空间。

（满田卫资）

用于电子产品环境适应性实验的研究实验室。鼓风机室用铝制卷帘窗与外部分隔开来。鼓风机室的下方是放置机器设备的空间

MITSUFUJI福岛工厂

设计 安昌寿＋村田琢真＋高荣智史/ MA partners建筑事务所
施工 川田工业
所在地 福岛县伊达郡
MITSUFUJI FUKUSHIMA–FACTORY
architects: MA PARTNERS

研究开发楼西侧外观。在福岛县伊达郡川俣町的一个新建的工业用地中，建造
MITSUFUJI工厂和实验用研究大楼。工厂主要功能是制造和销售镀银导电纤维。在研究
开发楼中并列设置四个大箱形空间，用于放置设备。在这四个设备放置区域相邻的空白空
间设置自助咖啡区、自由工作区等开放空间。该工厂作为小镇地震灾害后再次复兴的象征，
备受期待

从研究开发楼西北侧的办公区域看向入口（照片右方）。
视线可延伸到内侧的自助咖啡区（照片左方）

自助咖啡区。各个开放空间有着不同的空间配置与设计，将空调设备等隐藏安装，保证整
个空间的连贯性和开放性

从福岛走向世界

该项目建于福岛县伊达郡川俣町新开发的西部工业用地中。从福岛站驱车30分钟左右就能到达，跟避难区域出发相比距离较近。川俣町前面的地区现在还有很多地方不能作为避难区域满足人们生活的基本需要。在这种情况下，为了使川俣町更加具有活力，该地区招商引资将MITSUFUJI株式会社引入了西部工业开发区。MITSUFUJI株式会社发源于京都的西阵织（织物名，为日本国宝级的传统工艺品），现致力于镀银导电纤维"AGposs"的开发和生产。川俣町以前作为绸缎的生产地荣极一时，如今用纤维纺织业来振兴这片土地，旨在让这个产业为该地的繁荣掌舵。

用未来眼光建造新式建筑

MITSUFUJI株式会社作为一个非常有远见的企业，将工厂建在这片土地上，能够为该地区提供充足的就业岗位，还能够活跃地区经济。但是对于该企业来说，把东北地区作为企业的据点还是初次尝试。为了和该地居民以及与世界各地的开发人员进行交流，设计出不同功能的空间是非常必要的。

西部工业用地是在2016年新开发的一块建筑用地，位于国道往南约400 m。这一片广阔平地，以前是一个高近30 m的丘陵地区。有的部分经过填土，有的部分挖掉了高于基面的土，考虑到地基的牢固性，此次将建筑主体建在非填土区域。现在建筑代替了山丘，以背后的天空为背景形成了一幅自然的画卷。

在整个建筑计划当中，不仅仅包括工厂的建造，商品的开发和实验研究也是非常重要的一个组成部分。未来还有其他建筑的增建计划，在这个区域中还要修建一个用于研究开发商品的分馆。在确保周围绿植面积的同时还要在场地内修建实验用田径跑道，同时也可用于人们休闲放松。

在该平面建筑计划中，设计了拥有功能完全独立的房间以及设备完备的箱形空间，这个设计可以很好地将空间隔开，并将开放区域设计成自助咖啡区。同时这样的设计对企业来说也是非常具有灵活性的。另外，开放空间的空调机设备被隐藏安装在箱子的内部，因此开放空间就形成了只有房檐存在的外观。同时在需要维修时也可以不打扰正常办公，在设备内部进行作业。开放区域和外部的连接区域建造走廊以及露台等缓冲区。将开放空间与对安全性要求高的密闭空间分离，加上箱形空间的横切隔断，呈现出有层次感的整体空间效果。

（高荣智史 / MA partners）

（翻译：程雪）

左上：自由工作区/右上：从办公空间视角看门斗（照片左）及接待空间（同右）/左中：从化妆间视角看自助咖啡区和厨房/右中：女士化妆间。照片中的右侧是相邻的房间的门/左下：从办公室空间视角看向厨房。顶部安装了顶灯，成为办公室和自助咖啡区的光源/右下：工厂楼区域内的散步用跑道。用于MITSUFUJI株式会社制造的wearabIel IoT产品的实证实验

设计：建筑：MA partners建筑事务所
　　　结构：研究开发楼：大贺建筑构造设计事务所
　　　　　　工厂楼：川田工业
　　　设备：生驹设备事务所
施工：川田工业
用地面积：23 888.06 m²
建筑面积：4842.06 m²
使用面积：4639.76 m²
层数：地上1层
结构：钢筋混凝土结构
工期：2017年12月—2018年7月
摄影：高荣智史
（项目说明详见第161页）

广域区域图　比例尺1:15 000

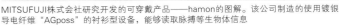

MITSUFUJI株式会社研究开发的可穿戴产品——hamon的图解。该公司制造的使用镀银导电纤维"AGposs"的衬衫型设备，能够读取脉搏等生物体信息

镀银导电纤维"AGposs"

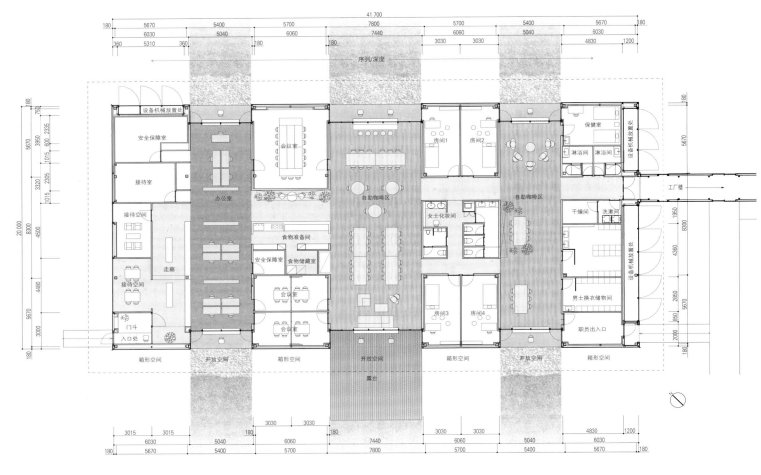

研究楼平面图　比例尺1:300

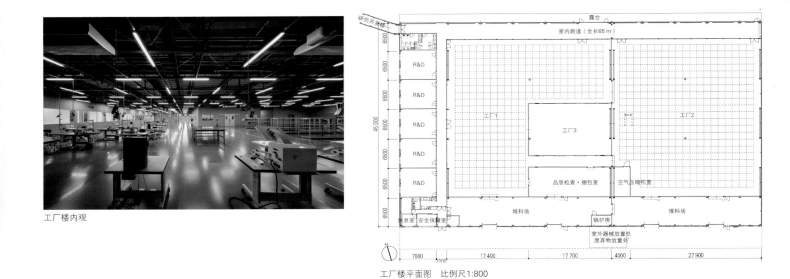

工厂楼内观

工厂楼平面图　比例尺1:800

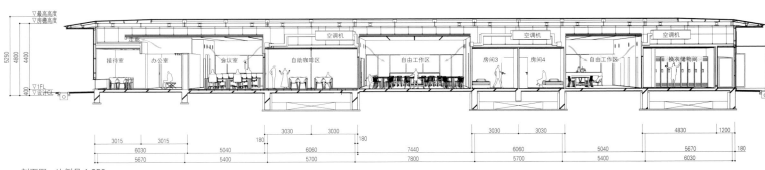

剖面图　比例尺 1:250

北侧外观。从用地周围搬来树木和石头，经过设计形成别样的园林风景。其中还设计建造了田径跑道，可以用于实验研究

研究开发楼北侧外观。考虑到各个开放空间望向屋外的视野，种植各种绿植

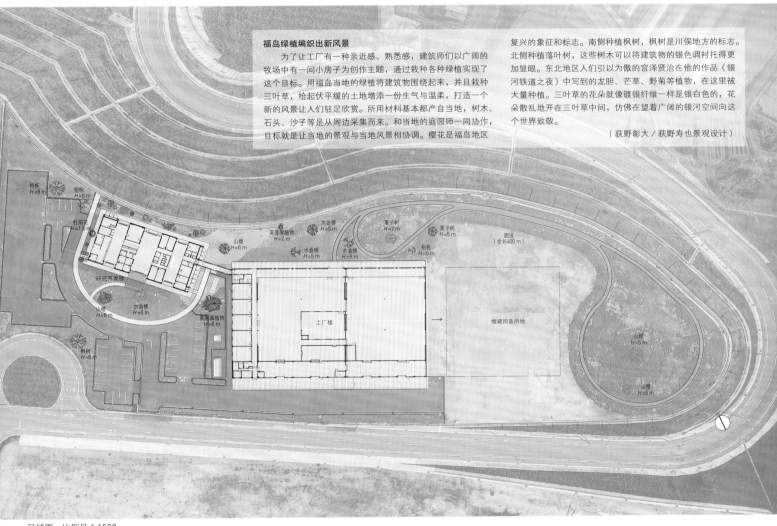

福岛绿植编织出新风景

为了让工厂有一种亲近感、熟悉感，建筑师们以广阔的牧场中有一间小房子为创作主题，通过栽种各种绿植实现了这个目标。用福岛当地的绿植将建筑物围绕起来，并且栽种三叶草，给起伏平缓的土地增添一份生气与温柔，打造一个新的风景让人们驻足欣赏。所用材料基本都产自当地，树木、石头、沙子等是从周边采集而来。和当地的庭园师一同协作，目标就是让当地的景观与当地风景相协调。樱花是福岛地区

复兴的象征和标志。南侧种植枫树，枫树是川俣地方的标志。北侧种植落叶树，这些树木可以将建筑物的银色调衬托得更加显眼。东北地区人们引以为傲的宫泽贤治在他的作品《银河铁道之夜》中写到的龙胆、芒草、野菊等植物，在这里被大量种植。三叶草的花朵就像镀银银纤维一样是银白色的，花朵散乱地开在三叶草中间，仿佛在望着广阔的银河空间向这个世界致敬。

（荻野彰大／荻野寿也景观设计）

区域图　比例尺 1:1500

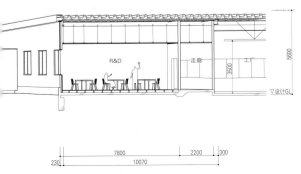
西侧俯瞰图。这里原来是阿武隈山系丘陵，现在被建造成了广阔的平地

研究开发楼，后面是工厂楼

NTT DATA三鹰大厦EAST

设计　NTT FACILITIES　Arup
施工　FUJIDA·共立特定建设工程企业联营体　协和EXEO　新菱冷热工业
所在地　东京都三鹰市
NTT DATA MITAKA BUILDING EAST
architects: NTT FACILITIES　ARUP

东南侧视角。该建筑为东京都三鹰市的信息中心。信息中心与其西侧大楼（建于1983年）在内部相连。建筑物整体仿佛是一个大型空调设备，采取将外部空气从隔震层输送到各层服务器室的冷循环系统和将服务器室高温气体排出的热循环系统，两种不同的空调系统同时运行，更具节能效果

继承并守护时代的前沿建筑

三鹰地区从30多年前开始一直是信息通信事业的集聚地。对于NTT集团来说，能在该地区建设数据中心机会难得，希望在此最大限度发挥其协同效果。NTT集团力求实现"高效益/低成本"、"可持续价值"和"保持100年的价值并发展"的三大理念，目的在于建成"便于与地区协调、运营和维护，寻求卓越的安全性和节能性能"的数据中心。

将位于原建筑中央的室外花园沿中心线延长到新建筑，并将这一新空间命名为"多功能中央广场"。原建筑内有当时先进的信息基础设施，通过打通新旧两栋楼的方式使新旧时代的信息设施相结合，增强建筑的整体性，并为信息设备创造安全·安心的环境。

安全运营与维护服务器，这是数据中心的使命。建筑的设计可以让自然光照进室内，使业务繁忙的工作人员能够感受到每天时间的变化和季节的变迁。内部装饰使用的是间伐材和灰泥等自然素材，营造出温馨的工作环境，达到人与信息设备相融合的效果。像机场一样简单清晰的动线可以在降低设备搬入和服务器运行成本的同时提升效率。

另外，为了提高节能效果，服务器的排热利用与自然光的扩散装置、自然换气相组合，力求实现零排放空间。

如何高效节能地冷却信息设备是数据中心的重点。从位于服务器室内的单个空调机的角度出发，得出"对整个建筑进行空气调节"的设计理念。特别是着眼于最大限度利用外部空间的供气和排气，设计了从隔震层到最上层输送外部空气的冷循环系统和排出服务器室中产生热气的热循环系统，进而对建筑物结构和外部装饰进行设计。

（桥本律雄／NTT FACILITIES）

（翻译：崔馨月）

设计：建筑·设备：NTT FACILITIES
　　　结构：Arup
施工：FUJIDA·共立特定建设工程企业联营体
　　　协和EXEO　新菱冷热工业
用地面积：18 842.72 m²
建筑面积：8011.55 m²
　　　　　（2期完成时：10 958.72 m²）
使用面积：26 740.60 m²
　　　　　（2期完成时：36 785.65 m²）
层数：地上4层　阁楼1层
结构：钢结构　地基防震
工期：2016年8月—2018年3月
摄影：日本新建筑社摄影部
（项目说明详见第162页）

北侧外观。4层建筑，高度约25 m，宽约120 m。只有第4层办公室的一部分设有透明窗

左：北侧外墙。兼有设备配管轴和供气功能的屏风形状的外壁/右：东侧视角。面向道路一侧设有休息室（3层）和演示室（4层）。图片背面的外壁也是一种热循环系统。该设计是通过降低送风动力和防止供气短路的气流模拟方式验证得出的最佳外壁形状

上：热循环内部。从服务器室排出热气体/下：冷循环内部。从隔震层排入的空气通过金属格栅流入服务器室室内。金属格栅可作为维护板来使用，并且能够在不影响服务器室的情况下进行设备更新

服务器室。采用壁式出风口空调系统（IDC-SFLOW），不使用双层地板，提升房间亮度

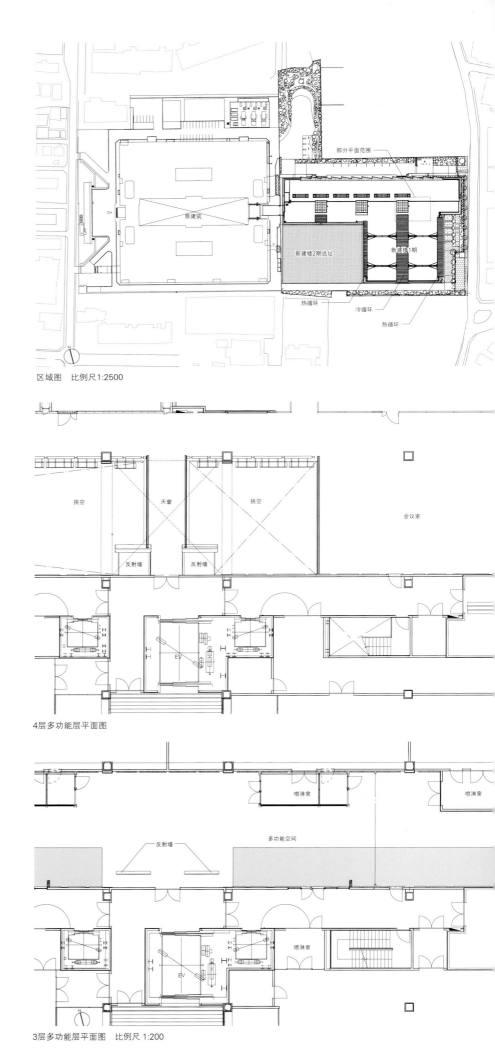

区域图　比例尺1:2500

4层多功能层平面图

3层多功能层平面图　比例尺 1:200

多功能层，通往3层设备间，2层挑空设计，全长约120 m。自然光通过天窗投射到光扩散装置和反射壁上，确保室内光线充足

左：3层休息室。前来使用服务器的人可在此办公/右上：4层走廊通往服务器室/右下：3层到4层的楼梯视角。模仿外壁形状的再生木材吸音墙

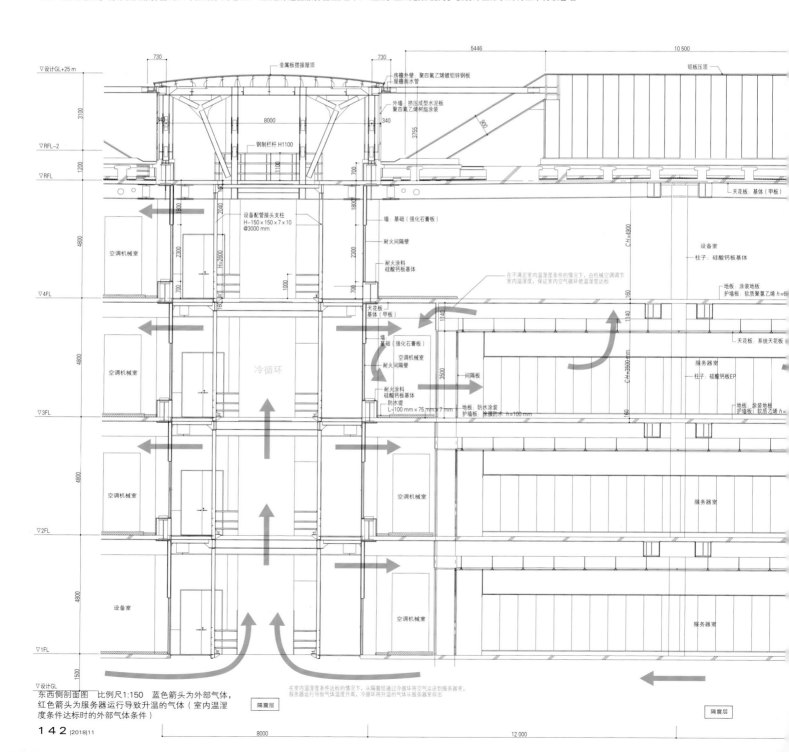

▽设计GL+25 m

金属板搭接屋顶
房檐外壁：聚四氟乙烯镀铝锌钢板
屋檐漏水管
外墙：挤压成型水泥板
聚四氟乙烯树脂涂装

铝板压顶

▽RFL-2

钢制栏杆 H1100

▽RFL

天花板：基体（甲板）

设备配管接头支柱
H-150×150×7×10
@3000 mm

墙：基础（强化石膏板）

耐火间隔壁

耐火涂料
硅酸钙板基体

在不满足室内温湿度条件的情况下，由机械空调调节
室内温湿度，保证室内空气循环使温湿度达标

设备室
柱子：硅酸钙板基体

地板：涂装地板
护墙板：软质聚氯乙烯 h=6

空调机械室

冷循环

▽4FL

天花板
基体（甲板）

墙：
基础（强化石膏板）

空调机械室

耐火间隔壁

间隔板

天花板：系统天花板

服务器室
柱子：硅酸钙板EP

地板：涂装地板
护墙板：软质聚氯乙烯 h=

空调机械室

耐火涂料
硅酸钙板基体

防水堤
L-100 mm×75 mm×7 mm

地板：防水涂装
护墙板：涂膜防水 h=100 mm

▽3FL

空调机械室

空调机械室

服务器室

▽2FL

设备室

空调机械室

服务器室

▽1FL

▽设计GL

东西侧剖面图　比例尺1:150　蓝色箭头为外部气体，
红色箭头为服务器运行导致升温的气体（室内温湿
度条件达标时的外部气体条件）

在室内温湿度条件达标的情况下，从隔震层通过冷循环将空气运送到服务器室。
服务器运行导致气体温度升高，冷循环将升温的气体从服务器室排出。

隔震层

隔震层

内管照度模拟

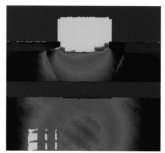

照度模拟（上：天窗立面，下：地板）

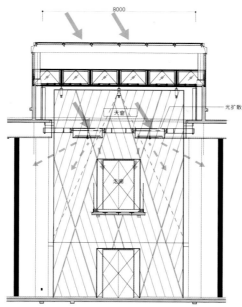

多功能层剖面图（光扩散装置部分）　比例尺1:250
光扩散装置能屏蔽和分散直射强光，避免室内过亮

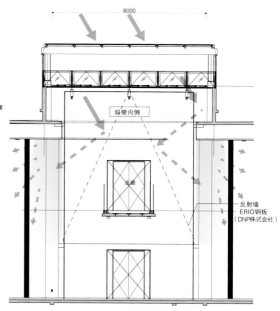

多功能层剖面图（斜面反射墙部分）
斜壁能将光线分散到南侧的墙上，保证天窗周围的亮度

结构设计：充分考虑空气流动性

　　隔震层建于地面上，有效削减开凿地下隔震的成本。同时隔震层也是将外部气体制冷后输入室内的流入口。空气在隔震层冷却后，通过冷循环系统进入建筑物，有效缓解服务器运行引起的升温，并在相反方向将热空气排出房间。房梁的方向与空气的流动方向保持一致，这样可以减小房梁走向对空气流动以及设备配管的影响。经过反复"梁组规划⇔CFD分析验证"后决定采用此地板龙骨。近年来几乎所有的数据中心都为抗震建筑，为了谋求差别化，在本建筑物的1层梁柱中装入减震器，削减地震时的上下振幅。服务器栋配合大楼用户入驻时间，将剩下的两栋建筑进行一体化增建（2期工程）。减震器集中于1期工程范围，以不影响1期减震器效果为前提进行增建。

(德渊正毅/Arup)

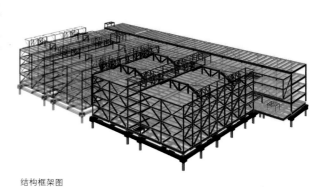

结构框架图

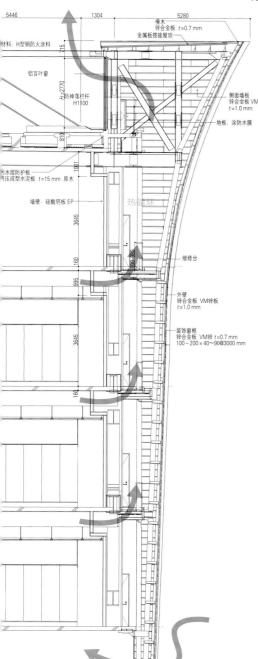

南北剖面图　比例尺1:300

Tsunashima可持续性·智能城市

设计　Panasonic（城市规划）　Panasonic Homes　野村不动产（基本构想）
　　　大林组（技术顾问）　光井纯&Associates建筑设计事务所（设计理念）
施工　Panasonic Homes　大林组　三井住友建设　TORAY建设
所在地　神奈川县横滨市
TSUNASHIMA SUSTAINABLE SMART TOWN (TSUNASHIMA SST)
architects: PANASONIC, PANASONIC HOMES, NOMURA REAL ESTATE DEVELOPMENT, OBAYASHI CORPORATION, JUN MITSUI&ASSOCIATES

俯瞰图。该项目为松下公司在其工厂旧址进行的可持续性·智能城市项目的第
二弹。项目内容包括住宅、商业设施、国际学生宿舍、氢站、研究设施等各种
（图片提供：Panasonic。实际完成情况与透视图不完全相同）

西侧俯瞰图（图片提供：Panasonic）

街区中央部的贯通道路。此地为城市能源中心，设置休闲广场，增添繁华气息

环境、能源、尖端技术的平台

岩崎弘仁（Panasonic Business Solution总部）

——首先请您介绍一下何为"可持续性·智能城市"

松下致力于与企业、居民、地方自治团体、行政机构、大学等一起推进城市建设。为了实现可持续发展，在进行城建的同时，松下秉承"共创与革新"的理念，与企业、居民、地方自治体、行政机构、大学等合作，旨在为解决社会和地区问题做贡献。

——为什么松下要进行"可持续性·智能城市"项目？

1918年，松下幸之助在大阪创立了"松下电气器具制作所"。创业以来，以"通过事业改善全人类生活并为社会发展做出贡献"作为经营基本理念，以"始终以人为本，创造更美好的生活"作为松下发展的宗旨。

在20世纪60年代的经济高度增长期，人们从地方涌入都市，地方工作岗位骤减。在此情况下，对于经营者来说，将本地人留在本地工厂工作的愿望越发强烈。因此他们为了刺激地方发展，创造工作岗位，本着"1县1工厂"的方针，在日本各地建设工厂。但是，随着时代的发展、事业环境的变化、生产向海外迁移等，很多日本国内工厂关闭，并因此产生大量闲置土地。虽然工厂关闭，但工厂建筑早已成为城市不可分割的一部分。在此情况下，工厂原址翻新再利用CRE（Corporate Real Estate）的解决方案应运而生。这就是"可持续性·智能城市"的由来。

——"可持续性·智能城市"项目推行的初衷是什么？

基本方针有三点：一、"提高资产价值"，有效利用工厂旧址等闲置土地，通过松下的技术和解决方案创造先进城市；二、"创造业务价值"，与合作伙伴共同创造新价值；三、"为解决地区问题做贡献"。追求城市可持续发展。无论是在当地居住、工作或访问的人都可以享受舒适的生活，并创造别样的生活，从而提升地区价值。

从松下的业务角度来看，这是一个可以利用尖端技术并与各种合作伙伴协作开发新产品的机会。在"可持续性·智能城市"项目中，松下在城市建设规划和构想中起着主导性的作用，与合作伙伴一起应对全新的挑战。本次Tsunashima可持续性智能城市（以下称为TsunashimaSST）有超过10家企业参与，目标是实现广泛的行业合作和利用尖端技术创造未来生活。

联合国"2030议程"提出可持续发展目标（简称SDGs）。日本政府也顺应该趋势，提出"Society 5.0"，同时世界范围内物联网等科技的发展也备受关注。TsunashimaSST将产业融合于地区，并致力于成为典型案例为社会建设做贡献。另外，在大阪的吹田市，"可持续性·智能城市"第三弹构想正在推进以地域共生、多世代居住、健康、护理为主题的社会课题解决型城市建设。

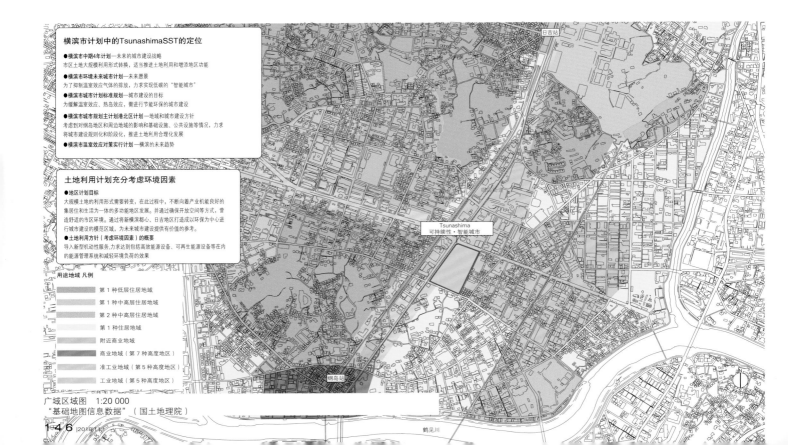

横滨市计划中的TsunashimaSST的定位

●横滨市中期4年计划—未来的城市建设战略
市区土地大规模利用形式转换，适当推进土地利用和增添地区功能

●横滨市环境未来城市计划—未来愿景
为了抑制温室效应气体的排放，力求实现低碳的"智能城市"

●横滨市城市计划标准规划—城市建设的目标
为缓解温室效应、热岛效应，需进行节能环保的城市建设

●横滨市规划主计划港北区计划—地域和城市建设方针
考虑到对纲岛地区和周边地域的影响和基础设施、公共设施等情况，力求将城市建设规则化和阶段化，推进土地利用合理化发展

●横滨市温室效应对策实行计划—横滨的未来趋势

土地利用计划充分考虑环境因素

●地区计划目标
大规模土地的利用形式需要转变，在此过程中，不断向着产业机能良好的集居住和生活为一体的多功能地区发展。并通过确保开放空间等方式，营造舒适的市区环境。通过将新横滨都心、日吉地区打造成以环保为中心进行城市建设的模范区域，为未来城市建设提供有价值的参考。

●土地利用方针（考虑环境因素）的概要
导入新型机动性服务，力求达到包括高效能源设备、可再生能源设备等在内的能源管理系统和减轻环境负荷的效果。

用途地域 凡例
第1种低层住居地域
第1种中高层住居地域
第2种中高层住居地域
第1种住居地域
附近商业地域
商业地域（第7种高度地区）
准工业地域（第5种高度地区）
工业地域（第5种高度地区）

广域区域图　1:20 000
"基础地图信息数据"（国土地理院）

日吉站

Tsunashima
可持续性·智能城市

纲岛站

鹤见川

设计：基本构想：Panasonic　野村不动产
　　　技术顾问：大林组
　　　设计理念：光井纯&Associates建筑设
　　　计事务所
摄影：日本新建筑社摄影部（特别标注除
　　　外）
（项目说明详见第162页）

两张图片：城市创新中心。在此进行松下技术的验证。左：创意工作室/右：多功能工作室。
这些都是TsunashimaSST Lab的活动据点

——请您简单介绍一下本项目

　　TsunashimaSST为2014年推进的Fujisawa可持续性·智能城市（以下简称FujisawaSST）项目的第二弹。

　　FujisawaSST为总家庭数1000户（独户600户，集合住宅400户）的智能生态试验街区。共开发了5种先进服务项目，设有湘南T-SITE等商业设施和提供看护服务的老年人住宅、养老院等基础设施。TsunashimaSST所在地是1961年成立2011年关闭的旧松下通信工业纲岛事务所旧址。与FujisawaSST最大的不同是将商业设施、能源中心、氢站、研究设施等居住设施以外的设施融入地区中。例如，从能源来看，TsunashimaSST的目标是灵活应用各种能源，在各类设施中利用由气体产生的电力和热量。在与氢站合作的同时，推进地区氢能源的利用。

　　2014年开始摸索土地利用的方向，与野村房地产、关电房地产开发、统一、Apple签订协议书，并于2015年3月公开本项目。此后，以大林组为首的企业相继参与到项目中，设立了TsunashimaSST协议会。光井纯&Associates建筑设计事务所也参与其中并推动街道设计和城市建设构想。2016年3月举行公开会，随后在2年后实施构想方案，最终在2018年3月动工。

——在本项目中进行了何种尝试？

　　"这里将创造未来"为TsunashimaSST的理念。在这一理念下，我们努力推进与企业、庆应义塾大学、居民、地方自治体、行政机构的共创与革新。松下将"共创与革新"的理念应用到城市创新中心的构建和运营中，并着手TsunashimaSST项目。这是松下和庆应义塾大学合作的整合城市资源的创新活动。本项目作为第一弹，与庆应义塾大学经济学系的武山政直教授合作，计划将庆应义塾大学生的灵活构想与松下的先进技术相结合，寻求对地域课题和企业事业课题解决方案。像这样的活动往往在构思阶段就会无果而终，但是松下不仅要拿出方案，更要将方案应用到实际。我们也在考虑活用

Tsunashima-SST Lab项目中积累的经验，将事业推进方法模式化从而进行推广。将以新横滨都心、日吉、纲岛等地为中心的地区作为环境模范区域，并希望将在TsunashimaSST中实施的技术和方案推广到周边地区。其中，在日吉——TsunashimaSST之间的由民间主导的共享单车项目就为典型案例。另外，在横滨纲岛氢站，已经开始进行氢气发电燃料电池的稼动验证。

　　今后，我们希望实施纲岛SST中提出新的技术和解决方案的同时，能够带动地区发展，提升全地区价值。

（2018年7月25日于TsunashimaSST
文字：日本新建筑社编辑部）
（翻译：崔馨月）

SST 项目以"生活起点"为基础，通过应用松下的先端技术和方案，力求创造舒适环境、引导未来生活形态、挖掘地区潜力和实现可持续性·智能城市

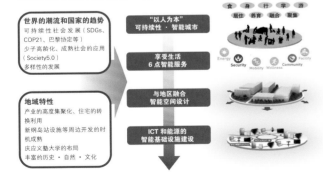

可持续性·智能城市的理念

两张图片提供：Fujisawa 可持续性·智能街道

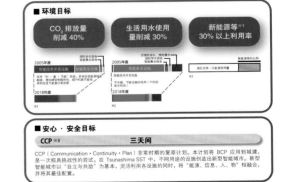

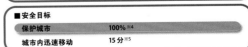

不仅涵盖街道整体目标、环境目标、安心目标，也在安全目标上设立一定的数值目标

街道的设计理念和制定流程

　　本计划为在松下的工厂旧址上建造可持续性·智能新型城市（以下称SST）。期望该地区能有效促进地区繁荣，也向众人展示了何为SST。6个建筑物的竣工时期不同，因此为了实现上述效果，以下两点非常重要：一是根据街道的设计理念和设计模型进行规划；二是将设计愿景与城建协商会的全体经营者共享。在这一过程中，通过不断与经营者进行讨论，最终确定街道的愿景和设计方针。首先，在我们所提出的设计理念中，在建筑物的立面上就可以看出这一设计理念极具环保意识，并建议6个智能服务中的Energy/Community/Wellness这

3点要有"可见性"。以此为基础，对太阳能电池板的外立面、其立面要素的木质部分、与绿色协调的墙面等各处进行了设计研究。并且，在景观设计上，为了使空间更加柔和，坚持"绿：功能绿色""照明：方便人们活动的灯光""安全性：统合性的无忧安全城市"这三项主题。对城市进行最优化服务，创造出舒适的开放空间。这些高品质概念经过城市建设协议会的对话，形成了7项设计模式（参照设计模式表），最终反映在各建筑物和景观设计中。（光井纯＋稻山雅大／光井纯&Associates建筑设计事务所）

PROUND 纲岛SST。各户都设置了智能HEMS，在掌握能源量的同时，也向下一代展示新型生活方式

① APITA tarrace 横滨纲岛（UNY，商业设施）
② 研发中心（Panasonic）
③ 能源中心（东京 GAS GROUP）
④ 横滨纲岛氢站·氢台（JXTG 能源）
⑤（庆应义塾大学）
⑥ YTC（Apple）庆应义塾大学纲岛 SST 国际学生宿舍
⑦ PROUND 纲岛 SST（野村不动产、关电不动产开发、Panasonic Homes，共同住宅）

在APITA tarrace横滨纲岛一角有一处广场。这里种有草木并设有休闲设施。在紧急情况下也可作为逃生据点

中间有一条马路，沿着这条路可以到达庆应义塾大学纲岛SST国际学生宿舍

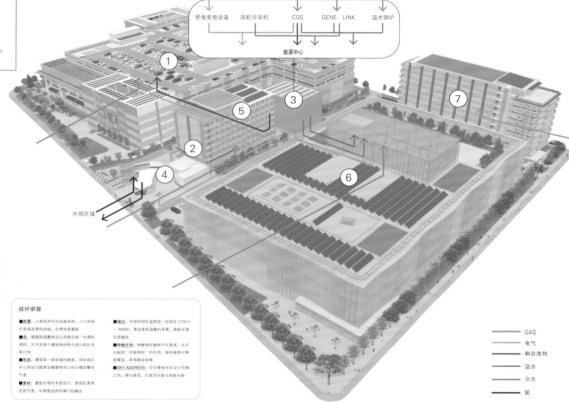

电力系统（特别高压）　　GAS系统（中压GAS）

受电变电设备　涡轮冷冻机　CGS　GENE　LINK　温水锅炉

能源中心

设计宗旨

■配置：土地利用中的设施布局，人口和街灯形成连贯的动线，合理安置看板

■色：根据街道整体设计风格在统一色调的网纱，又不失每个建筑物的特色进行街区色彩计划

■断态：建筑是一条街道的颜面。因此街区中心的设计就更加看重特别之处以增添繁华气息

■素材：建筑外观的木质设计，使街区更具自然气息，与周围自然环境巧妙融合

■演出：外照照明色温度快一控制在2700 K～3000K，普透柔和温馨的夜景，看板安装在景观处

■种植计划：种植绿色植物不仅美观，还可以起到"功能绿色"的作用。绿色植物可降低噪音，具有隔音效果

■SKY ADDRESS：空中景观也在设计范围之内。绿化屋顶，在屋顶安装太阳光板

――― GAS
――― 电气
――― 剩余废热
――― 温水
――― 冷水
――― 氢

整体效果图。整个街区的总体设计按照一定的设计模式，城市能源由能源中心提供，以稳定基础设施正常运作

上：展示氢能源利用情况
下：横滨纲岛氢站外观

城市能源中心。给整个城市提供能源，在能源使用高峰和发生灾害时也可以供电，是一个具有强大能源的系统

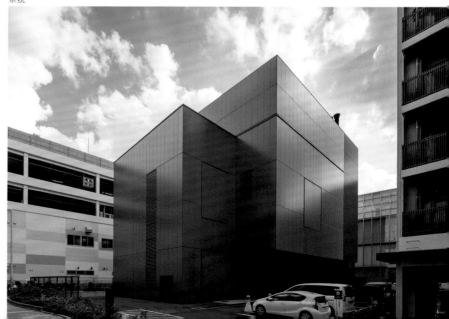

纲岛街道录像

中央大道上的相机拍摄过往人群，并针对年龄层和性别进行分析

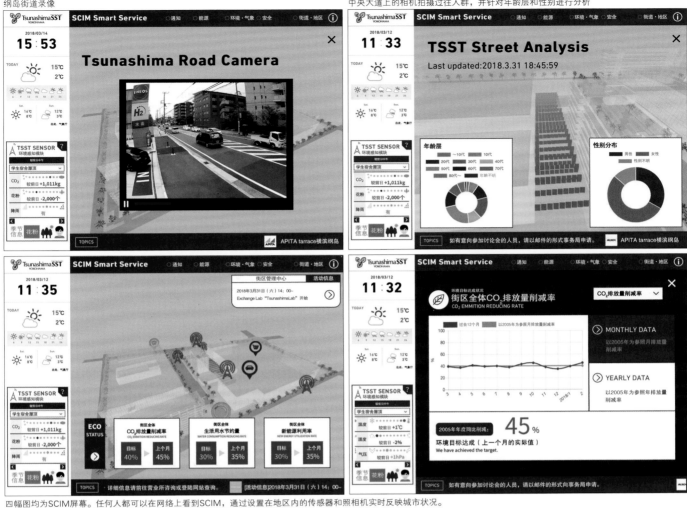

四幅图均为SCIM屏幕。任何人都可以在网络上看到SCIM，通过设置在地区内的传感器和照相机实时反映城市状况。
左下：可以确认街区整体的能源效率等/右下：街区整体的CO₂排放量削减率

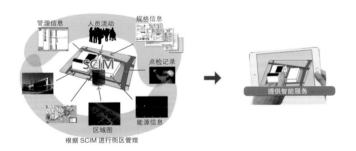

将城市中获取的各种数据通过SCIM可视化，并将这些数据与服务相结合

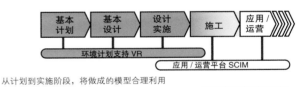

从计划到实施阶段，将做成的模型合理利用

环境支持VR

在项目各阶段灵活运用VR

Society5.0的布局——SCIM

首次导入SCIM信息平台——近年来，在各行各业中平台的构筑成为商业基础。但是城市和城市建设方面却还没有智能城市相关运营平台。因此，在TsunashimaSST中，以智能城市专业部门为中心参与指导，以3D为基础构建SCIM，首次在城建中应用SCIM。

SCIM的先进性——SCIM的优势与BIM相同，为"可见性""信息一元化"。在计划阶段，松下灵活应用"环境支持VR"，在运营阶段通过SCIM可全方位掌握形态信息和能源利用状况等动态信息。另外，在各处设置的环境传感器提示大家"花粉""PM₂.₅""UV量"等日常信息。画面识别系统从影像中读取人物的属性数据并进行储存。数据的有效性是基于特定位置的，再与环境信息相结合，可以在虚拟空间上再现街道的真实状态，同时也可以在虚拟街区做环境方面的实验。

面向解决社会问题——SCIM是一个开放平台。我们期待SCIM与大数据相结合后能够带来新型服务模式。ICT的进化虽然具有一定的便利性，但是与全面解决社会问题联系不大，这是因为每个系统都是独立且不联动导致的结果。SCIM极具开放性和协作性，可以以更高的维度解决广域课题。我们认为SCIM可对能源问题、花粉对策和防止犯罪等更实际的社会课题做出贡献。

我们描绘的未来——SCIM这一概念可以扩展到整个日本国内。我们认为通过在虚拟空间上进行模拟实验可以实现整体最优化。"数字日本"的构筑并不遥远。在Society5.0中，不仅生活变得方便，能源和资本也做到流动化。我们不仅构筑了建筑物和街道，而且还创造了这样的虚拟街区。另外，通过积极地参与能源和房地产投资，希望构筑有发展前景的生态系统。

（一居康夫＋中村升／大林组）

涩谷Stream（项目详见第4页）

（项目详见第4页）

●向导图登录新建筑在线
http://bit.ly/sk1811_map

所在地：东京都涩谷区涩谷3-21-3
主要用途： 大厅 餐饮店铺 停车场（A栋）
/事务所 酒店 商店 停车场（B-1）
/升降机（C-1栋）/通道等（D栋）
综合监修： 东京急行电铁
负责人：西泽信二 大竹成衷 槇野光
聪 须贝健司 竹中淳一 永井宪
一 张替秀树 横田宪介 早濑礼子
项目主体： 东京急行电铁 铃基恒产 名取康
治 名取政俊 山善商事 叶不动
产 涩谷丸十池田面包店 清风荘平野
大楼

设计
东急设计咨询
外观负责人：远藤郁郎 酒井良仁 山
口昭彦 佐佐木英嗣 山田昌宏* 铃木
麻美 渡边学 居波宏和 柳原启志 草
壁一宏 岩城文 中原庆之 角田亚季子*
（*原职员）
结构负责人：渡边浩树 国府田正
夫 池泽诚
设备负责人：吉井弘治 佐藤崇*
监理负责人：尾西隆明 白坂雄二
小泽信夫 内本良直
CAt
负责人：小岛一浩 赤松佳珠子 高桥
好和 寺本健一* 浜田充* 下山祥靖*
Henrike・rabu* 高山祐毅*
城市规划：日建设计
负责人：奥森清喜 福田太郎 安田启
纪 姜忍耐
办公层内装设计：
Suppose Design Office
负责人：谷尻诚 吉田爱 濒谷明
博 壮司麻人
酒店内装设计：UDS
负责人：宝片陵 小田岛康朗
照明设计：冈安泉照明设计事务所
负责人：冈安泉
松下 负责人：小池玲子
外观活动设计：
日建设计 负责人：坂本隆之 安田启
纪 八仓卷启太
石胜EXTERIOR 负责人：小林淳一郎

施工
涩谷站南街区项目新筑工程企业联合体
东急建设
负责人：藤平丰久 中井定寿 末真
彦 武部广大 黑田浩司 小数贺丰和
小松准二 松井耕一 松冈涉 田中昭博
大林组
负责人：藤平丰久 中井定寿 末真彦
武部广大 黑田浩司 小数贺丰和
小松准二 松井耕一 松冈涉 田中昭博
大林组
负责人：吉田光男 濑沼则彦 土谷启介
河俣爱彦 宇都宫充 丸冈伸吉
空调：高砂热学工业
卫生：齐久工业 西原卫生工业所
电气：关电工 Kinden

规模
■一社区整体（包括土地所有人建筑）
用地面积：7109.93 m²
建筑面积：6649.86 m²
使用面积：118 379.92 m²
建蔽率：93.52%（容许值：100%）
容积率：1348.95%（容许值：1350%）
■A栋
用地面积：934.36 m²
建筑面积：1713.21 m²

使用面积：7214.18 m²
建蔽率：185.31%
容积率：520.31%
1层：235.86 m² / 2层：801.44 m²
3层：512.06 m² / 阁楼：111.41 m²
层数：地下4层 地上7层 阁楼1层
■B-1栋
用地面积：4774.52 m²
建筑面积：4166.75 m²
使用面积：108 376.68 m²
建蔽率：82.27%
容积率：1859.47%
1层：3604.78 m² / 2层：3553.17 m²
3层：3057.26 m² / 阁楼：139.4 8m²
层数：地下4层 地上36层 阁楼3层
■C-1栋
用地面积：487.14 m²
建筑面积：10.71 m²
使用面积：21.42 m²
建蔽率：2.19%
1层：10.71 m² / 2层：10.71 m²
层数：地上2层
■D栋
用地面积：524.43 m²
建筑面积：434.45 m²
使用面积：375.93 m²
建蔽率：82.84%
容积率：4.25%%
1层：37.74 m² / 2层：8.61 m²
层数：地下2层 地上2层

尺寸
■A栋
最高高度：42 814 mm
房檐高度：42 244 mm
层高：4800 mm
顶棚高度：3000 mm
主要跨度：8420 mm × 7985 mm
■B-1栋
最高高度：179 950 mm
房檐高度：168 000 mm
层高：标准层：4250 mm
顶棚高度：标准层：2800 mm
主要跨度：7200 mm × 21600 mm
■C-1栋
最高高度：11 775 mm
房檐高度：11 575 mm
层高：7500 mm
主要跨度：2800 mm × 2800 mm
■D栋
最高高度：15 050 mm
房檐高度：13 810 mm
层高：7500 mm
顶棚高度：2800 mm
主要跨度：10 400 mm × 8400 mm

用地条件
■A栋
地域地区： 商业地区 防火地区
道路宽度： 南6.5 m 北50 m
■B-1栋
地域地区： 商业地区 防火地区
道路宽度： 南12 m 西12 m 北6.5 m
停车辆数： 284辆（适用于地区规则，包括异
地停车容纳121辆）
■C-1栋
地域地区： 商业地区 防火地区
道路宽度： 南15 m 西6 m 北12 m
■D栋
地域地区： 商业地区 防火地区
道路宽度： 东30 m 北6.5 m

结构
■A栋
主体结构：铁架结构（部分钢筋混凝土结构）
桩・基础：直接地基（板式基础）

■B-1栋
主体结构：铁架结构（部分钢筋混凝土结构、
铁架钢筋混凝土结构）
桩・基础：桩筏基础（桩和直接地基并用）
■C-1栋
主体结构：铁架结构
桩・基础：桩基础
■D栋
主体结构：铁架结构（部分钢筋混凝土结构）
桩・基础：直接基础（板式基础）
设备
环境配置技术
中水设备 BEMS 太阳能发电 大规模墙壁
面绿化 屋顶绿化 热融通 水蓄热
废热发电
办公室：简易空气流通（airflow） Night
Purge
空调设备
空调方式：办公室・酒店：AHU 单管道系统
酒店客房：FCU+外气空调
酒店：AHU 单管道系统
店铺：空冷热泵空调方式+共用外气空调
热源：中央热源方式（涡轮冷冻机 排热投入
型吸收式冷温水机 空冷热泵空调方
式 储热槽 水储热槽）
卫生设备
供水：底层・酒店：受水槽+加压给水方式
高层办公室：高压水槽+加压给水方式
热水：酒店：中央供热水方式
其他：单独供热水方式
排水：办公室：污水・杂用水分流排水系统
酒店・商业・大厅：合流排水系统
电气设备
供电方式：特别高压方式（22000V） 三线
制压电网式受电
设备容量：3500kVA×3台
预备电源：紧急发电机3500kVA×1台
（双燃料燃气轮机）
防灾设备
灭火：自动喷水灭火装置 屋内消火栓 泡沫
灭火器
排烟：机器排烟 （附室）第二种挤压排烟系
统
升降机：共33台（紧急用电梯×2台 其他31
台） 扶梯×23台
特殊设备：机械式停车设备 大厅特殊设备
工期
设计期间：2010年3月-2015年4月
施工期间：2015年8月-2018年8月

小岛一浩（KOJIMA・KAZUHIRO / 右）
1958年出生于大阪府/1984
年修完东京大学研究生院
硕士课程/1986年于该大学
研究生院攻读博士课程时
与他人共同设立Coelacanth and Associates
（C+A，2005年改为CAt）/曾担任东京理科
大学副教授、教授，2011年开始担任横滨国
立大学研究生院Y-GSA教授/2016年10月13日
去世

赤松佳珠子（AKAMATU・KAZUKO/左）
出生于东京都/1990年毕业于日本女子大学家
政学部住居学科，加入Coelacanth and
Associates/2002年成为C+A的合伙人/2005
年改为CAt/现为 CAt合伙人、法政大学教授、
神户技术工科大学客座讲师

远藤郁郎（ENDOU・IKUO）
1960年出生于东京都/1984
年毕业于明治大学工学部建
筑学科/1990年入职于东急
设计咨询/现担任该公司建
筑设计总部涩谷开发室室长

酒井良仁（SAKAI・YOSHIHITO）
1967年生出生于富山县
/1990年毕业于筑波大学艺
术专门学科建筑专业/ 1990
年入职于东急设计咨询/现
担任该公司建筑设计总部涩
谷开发室部长

左：从Stream Line向代官山方向前进，首先是露台（C-1栋），下为金玉桥广场/右：西南
侧大道视角。照片右侧为JR涩谷站南检票口（临时），涩谷站樱丘口地区的开发项目也正
在推进

涩谷Bridge（项目详见第25页） — 项目说明

● 向导图登录新建筑在线
http://bit.ly/sk1811_map

所在地 【A栋】东京都涩谷区东1-29-1
【B栋】东京都涩谷区东1-29-3
主要用途 A栋：托儿所 B栋：便捷酒店 办公室 店铺
所有人：东京急行电铁

综合监修
东京急行电铁
负责人：西泽信二 浅野新 江岛隆广 杉山
实 幡场乔二 三好谅 疋田尚大
上野沙织 大友伸彦 德本晋一郎

设计
设计·监理：东急设计咨询
建筑负责人：小池善弘 东田佳丈
渡边健由
结构负责人：渡边浩树
机械设备负责人：林隆史
电气设备负责人：川村督
土木设计负责人：户塚信弥 吉田笔
制造：THINK GREEN PRODUCE
负责人：川又祐介
建筑设计指导：TRIPSTER
负责人：小笠原贤门 野村训市
■**便捷酒店 MUSTARD HOTELL**
所有人：THINK GREEN PRODUCE
内装设计：TRIPSTER
负责人：小笠原贤门 野村训市 永田理
■**认定托儿所 涩谷东自然之国托儿所small alley**
所有人：齐藤纮良/社会福祉法人东香会 理事长
企划·监修：number of design and architecture
负责人：野田恒雄
内装设计·监理：Field Design Architects
负责人：井上雅宏、中井厚作
内装搭配+可移动家具设计：设计事务所ima
负责人：小林恭 小林MANA 渡边叶子
结构：OHNO JAPAN
负责人：大野博史
设备：TETENS ENGINEERING
负责人：樱井修 敕使川原良一
照明：冈安泉照明设计事务所
负责人：冈安泉
园名logo、标识设计：10inc.
负责人：柿木原政广 河村MAYUMI

施工
施工：东急·大林建设工程企业联合体
建筑负责人：西邨悟 藤泽一弘
小川刚史 盐原和弥 田中奏多
小森杏子 内山雅夫
设备负责人：丸山仁 酒匂幸弘
电气：关电工
负责人：针生泰雄 川田则英 森冈工
空调·卫生：齐久工业
负责人：宫川庆多 铃木胜
内装施工（便捷酒店）：BENEFIT LINE
负责人：小林洋史
内装施工（托儿所）：ZYCC
负责人：内藤文明 小竹健一郎
赤沼真彦 吉原学

规模
【A栋】
用地面积：724.29 m²
建筑面积：530.16 m²
使用面积：1280.09 m²
1层：239.28 m² / 2层：506.21 m²
3层：506.21 m² / 阁楼层：28.39 m²
建蔽率：73.20%（容许值：86.56%）
容积率：169.14%（容许值：240.00%）

层数：地上3层 阁楼1层
【B栋】
用地面积：1132.17 m²
建筑面积：883.85 m²
使用面积：4361.55 m²
1层：768.78 m² / 2层：825.38 m²
3层：742.73 m² / 4层：742.73 m²
5层：742.82 m² / 6层：458.21 m²
7层：80.90 m²
建蔽率：78.07%（容许值：90.72%）
容积率：370.47%（容许值：453.63%）
层数：地上7层

尺寸
【A栋】
最高高度：15 290 mm
房檐高度：11 370 mm
层高：4580 mm 3400 mm
顶棚高度：2400 mm 2500 mm
主要跨度：6640 mm×7760 mm
【B栋】
最高高度：25 570 mm
房檐高度：25 070 mm
层高：4150 mm 3350 mm
顶棚高度：3150 mm 3000 mm 2400 mm
主要跨度：4700 mm×9050 mm

用地条件
地域地区：商业地区 标准工业地区 特别工业地区 防火地区
【A栋】
道路宽度：南4 m
【B栋】
道路宽度：东12 m 南14 m 北4 m
停车辆数：2辆（其他地方设有停车场）

结构
主体结构：钢筋骨架结构
桩·基础：直接基础

设备
【A栋】
空调设备
空调方式：空冷热泵空调方式
热源：电气
卫生设备
供水：直接增压供水水泵方式
热水：部分天然气供热器 部分电气温水器
排水：污水·杂用水合流排水系统 雨水调蓄池与雨水泵方式
电气设备
供电方式：油浸式变压器
设备容量：电灯100kVA 动力200kVA
防灾设备
灭火：灭火器
排烟：自然排烟设备
其他：紧急照明设备 避难工具 诱导灯
设备：火灾自动报警系统 火灾自动通报设备
升降机：乘用升降机（承重11人、45m/min）×1台
【B栋】
空调设备
空调方式：空冷热泵空调方式
热源：电气
卫生设备
供水：直接增压供水水泵方式+高位水箱给水方式（+高层加压供水泵）
热水：部分天然气供热器 部分电气温水器
排水：污水·杂用水合流排水系统 雨水调蓄池与雨水泵方式
电气设备
供电方式：油浸式变压器
设备容量：电灯350kVA 动力950kVA
预备电源：燃油发电机
防灾设备
灭火：屋内消火栓设备 连接供水管设备 移动式粉末灭火设备 灭火器

排烟：自然排烟设备
其他：紧急照明设备 避雷针 避难工具 诱导灯 火灾自动报警系统 火灾自动通报设备 紧急播放设备
升降机：乘用升降机（承重11人、90 m/min）×3台

工期
【A栋】
设计期间：2013年11月–2017年7月
施工期间：2017年7月–2018年8月
【B栋】
设计期间：2013年11月–2017年4月
施工期间：2017年4月–2018年8月

外部装饰
外壁：NOZAWA
开口部：三协立山株式会社
屋内：RIKEN

内部装饰
【A栋】
■**托儿所 涩谷东自然之国托儿所small alley**
保育室
地板：Forbo
天花板：清立商工株式会社
厨房
地板：Sangetsu
育儿支援空间·咖啡厅
地板：Forbo ABC商会
办公室·医务室·会议室·休息室
床地板：IOC
【B栋】
1层共用部分
地板：太平洋工业株式会社
墙壁：NITTAI
2—7层共用部分
地板：TAJIMA
■**便捷酒店 MUSTARD HOTEL**
1层大厅
地板：ROMA STONE
墙壁：NITTAI特别订制品
1层咖啡厅
地板：ROMA STONE
墙壁：NITTAI特别订制品 AICA工业
7层公用空间
地板：Kawashima selkon Textiles

主要使用器械
【A栋】
照明器具：KOIZUMI照明 DAIKO
厨房工具：HOSHIZAKI

小池善弘（KOIKE·YOSHIHIRO）
1961年出生于埼玉县/1984年毕业于东京理科大学理工学系建筑学科/1986年修完该大学研究生院硕士课程后，入职东急设计咨询公司/现为该公司建筑设计总部执行理事

东田佳丈（HIGASHIDA·YOSHITAKE）
1976年出生于东京都/2000年毕业于东京理科大学理工学系建筑学科/2001年—2005年任职于木下道郎工作室/2006年任职于milligram architectural studio/2007年至今任职于东急设计咨询公司

渡边健由（WATANABE·KATUYOSHI）
1986年出生于爱知县/2010年毕业于名古屋工业大学工学系建筑·设计工学科/2012年修完该大学研究生院硕士课程后，入职东急设计咨询公司

● 向导图登录新建筑在线：
http://bit.ly/sk1811_map

■5街区蔬菜水果楼
所在地：东京都江东区丰洲6-3
主要用途：批发市场
所有人：东京都

设计
建筑·监理　日建设计
建筑负责人：五十君兴　西村真孝
　　横段正俊　富田彰次　中村伸也
　　中岛弘阳　中浦良一　增川雄二
　　在原亚希　望月丽
结构负责人：山野祐司　寺田隆一
　　樫本信隆　上野悟
　　Virevic Hoon　鸟越一成
　　田中耕治　小泽拓典　长山畅宏
设备负责人：山下开　小仓良友
　　平山昭二　神部千太郎　森田尚之
　　小稻克也　井口悠哉　高井智广　高根泽武

施工
建筑：鹿岛·西松·东急·TSUCHIYA·岩田地崎·京急·新日本建设企业联营体
电力：九电工·协和·三荣建设企业联营体
供排水卫生：一设·新设备建设企业联营体
消防：YAMATO·旭·中央报知机建设企业联营体
空调：菱和·川本·SANPURA建设企业联营体
电梯：DAIKO
货用电梯：中央电梯工业

规模
用地面积：120 925.63 m²
建筑面积：55 912.8 m²
使用面积：93 768.71 m²
地下：421.97 m²/1层：55 233.05 m²
2层：19 310.02 m²/3层：18 616.72 m²
阁楼层：186.95 m²
建蔽率：54.38%（许容值：80%）
容积率：84.12%（许容值：200%）
层数：地上3层

尺寸
最高高度：26 000 mm
房檐高度：24 240 mm
层高：1层 6250 mm/2层 6350 mm
　　3层 6140 mm
顶棚高度：批发场：4500 mm～8750 mm
主要跨度：12 000 mm×18 000 mm

用地条件
地域地区：市街地区　防火地区　工业地区
丰洲地区区域计划
道路宽度：西南50 m　西北60 m
停车辆数：约5100辆（全街区总计）

结构
主体结构：钢筋骨架混凝土结构　部分钢筋骨架结构　部分钢筋混凝土结构
桩·基础：钢筋混凝土独立基础　预制混凝土桩

设备
空调设备
空调方式：中间商市场，物流通道：冷气专用空调机+VAV变风量单一管道方式
　　批发市场：冷气专用空调机+单一管道方式（置换空调）
　　1层理货区域：冷气专用外机+冷气专用天花板埋入型空调装置
　　办公室等：全热交换器附带外机+天花板埋入型空调装置（4管式）+天花板埋设加湿器组合方式
　　饮食·商品销售店铺（客人座席）：全热交换器组合+天花板埋入型空调装置（4管式）+天花板埋设加湿器组合方式
　　走廊·参观人员通道：冷气专用天花板

埋入型空调装置
电力室·发电机室：冷气专用分离式风冷成套空调设备
防灾中心：分离式风冷热泵成套空调设备+全热交换机组合方式
热源：地热源

卫生设备
供水：1层中间商店铺　废弃物收集处等1层各区域：上水道直接供水方式
　　2层以上各区域：上水储水箱+泵加压供水方式
　　全馆卫生间用水及屋顶绿化洒水：中水储水箱+泵加压供水方式
热水：局部电热水器
排水：自然坡度作用下的重力排水方式（建筑物内部至排水中转箱）
　　泵压输送方式（排水中转箱至建筑物外部开放式箱斗）

电力设备
供电方式：7街区管理设施楼特高供变电设备二次接线
设备容量：3φ3W　6.6kV

防灾设备
灭火：灭火器　室内消防栓　室外消防栓　联结给水管线　湿式自动喷水系统
　　移动式粉末灭火器　固定式泡沫灭火器　氮气灭火器　消防用水
排烟：依据建筑基准法规定的机械排烟（办公室、2层走廊等）　依据避难安全验证法规定的机械排烟（3层楼梯间、楼梯前室）　消防活动据点的机械排烟·自然供气（2层部分楼梯间、楼梯前室）　自然排烟（防灾中心、转叉式堆高机修理区）
升降机：客用电梯（可供轮椅使用、1台内部附有行李仓、60m/min）1800kg×7台
　　载货电梯：（6600kg、45m/min）×2台

工期
设计期间：2011年3月—2013年2月
施工期间：2014年2月—2016年10月

工程费用
总费用：2574亿日元（2016年度末）

利用向导
东京都中央批发市场　管理部　总务课　宣传负责
电话：03-5320-5720
网址：http://www.shijou.metro.tokyo.jp/

■6街区水产中间商市场楼
所在地：东京都江东区丰洲6-5
主要用途：批发市场
所有人：东京都

设计
建筑·监理　日建设计
建筑负责人：五十君兴　西村真孝
　　横段正俊　五十岚启太　渡边智彦
　　和田笃　秋泽大　中浦良一　增川雄二
　　在原亚希　望月丽
结构负责人：山野祐司　寺田隆一　樫本信隆
　　仁井田美幸　Virevic Hoon
设备负责人：森田尚之　高根泽武　平山昭二
　　神部千太郎　井口悠哉

施工
建筑：清水·大林·户田·鸿池·京急·钱高·东洋建设企业联营体
电力：KINDEN·新生·旭日·大三洋行建设企业联营体
供排水卫生：须贺·川崎·大进建设企业联营体
消防：能美·中央理化·新和建设企业联营体
空调：日比谷·太平·日管·ANESU建设企业联营体
电梯：FUji-Tec
货用电梯：守谷输送机工业

规模
用地面积：131 793.02 m²
建筑面积：70 305.09 m²
使用面积：176 658.39 m²
地下：968.71 m²/1层：67 271.53 m²
2层：10 454.54 m²/3层：48 134.44 m²
4层：48 206.02 m²/5层：1517.86 m²
阁楼层：105.29 m²
建蔽率：63.79%（许容值：80%）
容积率：162.35%（许容值：200%）
层数：地上5层

尺寸
最高高度：290 250 mm
房檐高度：226 550 mm
层高：1层 3200 mm/2层 2800 mm
　　3层 5200 mm/4层 5600 mm
　　5层 5000 mm
顶棚高度：中间商市场：2800 mm～4500 mm
主要跨度：12 000 mm×14 000 mm

用地条件
地域地区：市街地区　防火地区　工业地区
丰洲地区区域计划
道路宽度：东北50 m　东南40 m　西南16 m
停车辆数：约5100辆（全街区总计）

结构
主体结构：钢筋骨架混凝土结构　部分钢筋骨架结构
桩·基础：钢筋混凝土独立基础　钢管桩

设备
空调设备
空调方式
中间商市场物流·销售通道：冷气专用空调机+VAV变风量单一管道方式
　　1层理货区域：冷气专用外机+冷气专用天花板埋入型空调装置
　　4层理货区域：全热交换器组合+冷气专用天花板埋入型空调装置
　　办公室等：全热交换器附带外机+天花板埋入型空调装置（4管式）
　　饮食·商品销售店铺（客人座席）：全热交换器组合+天花板埋入型空调装置（4管式）+天花板埋设加湿器组合方式
　　饮食·商品销售店铺通道：冷气专用天花板埋入型空调装置
　　电力室·发电机室：冷气专用分离式成套空调设备

防灾中心：分离式风冷热泵成套空调设备+全热交换机组合方式
热源：地热源（设置于7街区管理设施楼内，以地冷接收设施及温水供给设施提供的冷、热水作为热源）

卫生设备
供水：1层中间商店铺、废弃物收集处等1层各区域：上水道直接供水方式
　　3层以上各区域：上水储水箱+泵加压供水方式
　　全馆卫生间用水及屋顶绿化洒水：中水储水箱+泵加压供水方式
热水：局部电热水器（储水式）
排水：自然坡度作用下的重力排水方式（建筑物内部至排水中转箱）
　　泵压输送方式（排水中转箱至建筑物外部开放式箱斗）

电力设备
供电方式：7街区管理设施楼特高供变电设备二次接线
设备容量：3φ3W　6.6kV

防灾设备
防火：灭火器　室内消防栓　室外消防栓　联结给水管线　湿式自动喷水系统
　　移动式粉末灭火器　固定式泡沫灭火器　氮气灭火器　消防用水
排烟：依据全馆避难安全验证法规定的机械排烟（全馆竖坑区划前室、办公室、饮食·商品销售区域）　消防活动据点的机械排烟（1层、3层、4层北侧楼梯间、楼梯前室）　自然排烟（1层、3层、4层装饰区）
升降机：客用电梯：（可容纳17人、可供轮椅使用、1台内部附有行李仓、60m/min）×12台
　　载货电梯：（6600kg、45m/min）×7台1000型×4台

工期
设计期间：2011年3月–2013年2月
施工期间：2014年2月–2016年10月

利用向导
东京都中央批发市场　管理部　总务课　宣传负责
电话：03-5320-5720
网址：http://www.shijou.metro.tokyo.jp/

■7街区水产批发市场楼
所在地：东京都江东区丰洲6-6
主要用途：批发市场
所有人：东京都

设计
建筑·监理　日建设计
建筑负责人：五十君兴　西村真孝　横段正俊
　　　　　山本明广　广重拓司　森荣俊
　　　　　秋泽大　柏谷修平　和田笃
　　　　　田中雄辅　中浦良一　中岛弘阳
　　　　　增川雄二　在原亚希　望月丽
结构负责人：山野祐司　寺田隆一　樫本信隆
　　　　　高田好秀　浦新和美　福岛孝志
　　　　　仁井田美幸　片山纱佳
设备负责人：山下开　小仓良友　平山昭二
　　　　　神部千太郎　森田尚之　今村幸宏
　　　　　高根泽武　井口悠哉　武田尚吾

施工
建筑：大成·竹中·熊谷·DAI NIPPON·名
　　工·株木·长田建设企业联营体
电力：日本电设·四电工·西山·岸野建设企
　　业联营体
供排水卫生：斋久·樱井·三辰建设企业联营
　　体
消防：NITTAN·相日·旭建设企业联营体
空调：日立PURA·三菱冷PURA·综和建设
　　企业联营体
电梯：SANSEI Technologies
货用电梯：守谷输送机工业

规模
用地面积：135 802.65 m²
建筑面积：48 404.61 m²
使用面积：124 672.62 m²
地下：1445.74 m²/1层：44 933.05 m²
2层：14 756.38 m²/3层：32 174.14 m²
4层：18 173.61 m²/5层：12 197.77 m²
阁楼层：991.93 m²
建蔽率：48.86%（容许值：80%）
容积率：130.03%（容许值：200%）
层数：地上5层

尺寸
最高高度：384 000 mm
房檐高度：365 000 mm
层高：1层 6800 mm/2层 5850 mm
　　3层 7800 mm/4层 7300 mm
　　5层 4400 mm/PH层（楼顶房屋）：
　　4200 mm
顶棚高度：办公室：2700 mm~3000 mm
　　中转配送中心：4000 mm
　　批发市场：5000 mm~9400 mm
　　主要跨度：12 000 mm×12 000 mm

用地条件
地域地区：市街地区　防火地区　工业地区
　　丰洲地区区域计划
道路宽度：东北50 m　西北40 m
停车辆数：约5100辆（全街区总计）

结构
主体结构：钢筋骨架混凝土结构　部分钢筋骨
　　架结构　部分钢筋混凝土结构
桩·基础：钢筋混凝土独立基础　钢管桩　预
　　制混凝土桩

设备
空调设备
空调方式
　　批发市场、1层理货区域：低温设备
　　（风冷式冷冻机+组合式空调）+全热
　　交换器附带外机
　　海胆销售区：加工包装设施：低温设备
　　（风冷式冷冻机+通风管道式组合空
　　调）+全热交换器附带外机
　　中转配送中心：低温设备（风冷式冷冻
　　机+组合式空调）+全热交换器附带外机
　　金枪鱼竞价室：空调机

办公室等：全热交换器组合+天花板埋
　　入型空调装置（4管式）+天花板埋设
　　加湿器组合方式
办公室通道：冷气专用天花板埋入型空
　　调装置
电力室·通信器械室等：冷气专用分离
　　式成套空调设备
防灾中心：分离式风冷热泵成套空调设
　　备+全热交换机组合方式
热源：地热源（设置于7街区管理设施楼内，
　　以地冷接收设施及温水供给设施提供的
　　冷、热水作为热源）

卫生设备
供水：1层批发市场、转叉式堆高机修理处等
　　1层各区域：上水道直接供水方式
　　2层以上各区域+1层部分区域：上水储
　　水箱+泵加压供水方式
　　全馆卫生间用水及屋顶绿化洒水：杂用
　　水储水箱+泵加压输送方式
热水：局部电热水器（储水式、瞬时根据用途
　　不同设置）　燃气热水器
排水：自然坡度作用下的重力排水方式（建筑
　　物内部至排水中转箱）
　　泵压输送方式（排水中转箱至建筑物外
　　部开放式箱斗）*开放式箱斗之后的管
　　道设置通过自然坡度和水管连接

电力设备
供电方式：7街区管理设施楼特高供变电设备
　　二次接线　7街区管理设施楼特高供变
　　电设备一次接线（防灾用途）
设备容量：3φ3W　6.6kV

防灾设备
灭火：灭火器　室内消防栓　室外消防栓　联
　　结给水管线　移动式粉末灭火器
　　固定式泡沫灭火器　氮气灭火器　消防
　　用水　联结喷水
排烟：依据全馆避难安全验证法规定的机械排
　　烟（全馆竖坑区划前室）　自然排烟
　　（各层的部分区域、消防活动据点
　　区）
升降机：乘客电梯（可容纳17人、可供轮椅
　　使用、1台内部附有行李仓、60m/
　　min）×10台
　　载货电梯（6600kg、45m/min）×7台

工期
设计期间：2011年3月-2013年2月
施工期间：2014年2月-2016年10月

利用向导
东京都中央批发市场　管理部　总务课　宣传
负责
电话：03-5320-5720
网址：http://www.shijou.metro.tokyo.jp/

五十君兴（ISOGIMI·KOU）

1958年出生于大阪府/1983
年毕业于神户大学研究生
院工学研究科建筑学专业，
获硕士学位，后就职于日
建设计公司/现任日建设计
执行董事设计部门代表

西村真孝（NISIMURA·MASATAKA）

1944年出生于爱知县/1968
年毕业于名古屋工业大学
建筑专业，后就职于日建
设计公司/现任该公司设计
部门设计部高级专业设计师

富田彰次（TOMITA·SYOUJI）

1963年出生于爱知县/1987
年毕业于名古屋工业大学
建筑专业/1989年就职于日
建设计公司/现任该公司设
计部门设计部部长

横断正俊（YOKODANN·MASATOSHI）

1971年出生于广岛县/1991
年毕业于吴工业高等专业
技术学校，后就职于日建
设计公司/现任该公司设计
部门设计部主管

上：6街区水产批发市场楼屋顶广场/中：6街区水产批发市场楼2层饮食店铺
下：7街区饮食店铺

大手町 Place （项目详见第 42 页）

● 向导图登录新建筑在线：
http://bit.ly/sk1811_map

所在地：东京都千代田区大手町2-3-1，2
主要用途：事务所 集会场 店铺 停车场等
所有人：East Tower：都市再生机构（代表实施）
West Tower：NTT都市开发（共同实施）

设计

日本设计（全体基础计划·基础设计/West Tower实施设计·监理/East Tower实施设计监修·监理·地下结构实施设计）
统筹：崎山茂 笠卷正弘
建筑负责人：谷村正幸 奥村彰浩 梅津学 林秀吉 本乡达也 今和泉拓 广濑健*（*原职员）
结构负责人：人见泰义 佐藤义也 杉浦良和 羽田和树 山本竹哉 平塚高弘
机械责任人：大串辰雄 栩木学 宫内启辅
电力负责人：引地顺 佐藤好宏
监理负责人：细井刚 大室金藏 内原洋一 桧山元一郎 田村裕之 笹岛义男 佐藤雄次 加藤良夫 工藤隆司 公受务* 荻昌幸* 本田直树*
景观负责人：长泽基一 斋藤求 海老泽仁*
都市计划负责人：岩永敬造 中山宗清 岛田廉
监修负责人：三盐达也 古贺大 笠卷正弘 奥村彰浩 石塚秀教 山下淳一 斋藤求 佐原壮一

大林组一级建筑师事务所（East Tower 实施设计）
统筹：小林浩
建筑负责人：白崎宏明 月间俊之 角田泰孝田 边俊索 田中希枝 中村祐记
结构负责人：江村胜 中塚光一 渡边哲巳 木村宽之
机械负责人：沼田和清 和田一 岛冈宏秀 根本智之 中山和树
电力负责人：濑户口仁 中本明季 久城彻
景观负责人：岩井洋 飞世翔

NTT FACILITIES（全体基础设计/East Tower实施设计监修·监理）
建筑负责人：宫部裕史 桐山龙一 叠田浩基 小清水一马 宫本收司*
机械负责人：远藤利秀 安食纯也 中村清幸 石井秀典 佐藤正弘 石仓和明
监修负责人：宫部裕史 桐山龙一 叠田浩基 甘粕阳介 植田辽
监理负责人：铃木辰典 菊本卫 山原龙一 岛田常男 岩田雅次
照明计划：LIGHTDESIGN
负责人：东海林弘靖 大好真人
宣传计划：井原理安设计事务所
负责人：井原理安 井原由明
ART&FFE计划：Interiors
负责人：国分秀记 矶飞佳花 数野大辅 山本真理

施工

竹中工务店（West Tower）
统筹所长：神谷充广
建筑负责人：岩本庆 和田一彦 相内主 驹井悟 玉井胜士 佐野干弘 山口友规 井上和彦 锦古里洋介 宫部乔司
千代原正典 中津纪幸

设备负责人：江崎晃 守屋寿纪 远藤诚也 宇都宫庆 久保泽哲
大林组（East Tower）
所长：远藤次郎
建筑负责人：深谷茂树 越智靖文 塚越彰 山下和哉 菅井正典 武村将史 高野真史 柏谷兆人 三上亨 三浦喜藏 宫崎勋 山口满惠 滨田妙子
设备负责人：升谷隆久 矢崎知己 水本淳一郎
电力：Kinden NTT Communications
空调：高砂热学工业
卫生：斋久工业 OAK设备工业
升降机：FUJITEC Hitachi Building Systems 日本机器钢业
机械式停车设备：三菱重工机械System

规模

用地面积：19 898.68 m²
建筑面积：13 668.48 m²
使用面积：353 830.54 m²
地下2层：15 137.91 m²/地下1层：13 539.47 m²
1层：11 565.65 m²/2层：9269.09 m²
3层：10 158.36 m²
West Tower标准层（6层—34层）
5 060.27 m² ~ 5 326.38 m²
East Tower标准层（5层—31层）
4000.38 m² ~ 4264.44 m²
建蔽率：68.70%（容许值：70%）
容积率：1567.29%（容许值：1570%）
层数：West Tower：地下3层 地上35层
East Tower：地下3层 地上32层 阁楼1层

尺寸

最高高度：West Tower：178 000 mm
East Tower：161 970 mm
房檐高度：West Tower：163 355 mm
East Tower：149 070 mm
层高：标准层办公室：4350 mm
顶棚高度：标准层办公室：2900 mm
主要跨度：7200 mm × 19 900 mm
（East Tower 20 000 mm）

用地条件

地域地区：商业地区 防火地区 停车场整备地区 都市再生特别地区（大手町地区B–3街区） 大手町·丸之内·有乐町地区计划（大手町B） 大手町二丁目地区第一种市街地再开发项目实行地区
道路宽度：东26 m 西22 m 南22 m 北12 m
停车辆数：319辆

结构

主体结构：地上区域：钢筋骨架结构（柱CFT结构）
地下区域：钢筋骨架结构 部分钢架钢筋混凝土结构 钢筋混凝土结构
桩·基础：筏式基础

设备

环境保护技术
外装百叶窗 自然换气 蓄热槽 空气冷却机 CO_2控排 中水利用（厨房排水、杂排水、雨水） 大型热电联产系统 太阳能发电 LED照明光控照明装置 人体感应照明装置 墙面绿化相当于CASBEE（日本建筑物综合环境性能评价体系） S级（自我评估）

空调设备
空调方式：标准层办公室：室内装饰、四周均采用AHU + 单风道VAV方式
店铺：空调外机 + FCU
热源：地热供给公司提供夫人冷水·温水 蓄热槽 热电联产系统

卫生设备
供水（上水、杂用水）：高层系统：高架水槽重力方式（部分泵加压方式）
低层系统：泵加压方式
热水：单独储水式电热水器
排水：室内：污水·杂用水·雨水分流方式
室外：污水·雨水合流方式

电力设备
供电方式：66kV特别高压环线式供电
设备容量：特高变压器12000kVA×3台
预备电源：燃气涡轮紧急发电机4500kVA×3台 热电联产系统4000kW×2台

防灾设备
灭火：室内消防栓（广域2号）设备 联结给水管线设备 湿式喷淋灭火系统 自动洒水消防装置 特定停车场泡沫灭火器装置 惰性气体灭火系统 移动式干粉灭火设备 消防用水
排烟：机械排烟方式（全馆避难安全验证法） 自然排烟方式 机械加压送风排烟方式
其他：火灾报警装置 燃气泄漏报警装置 紧急电话（内部对讲机） 紧急播放设备 紧急照明装置 安全指示灯设备 紧急电源插座设备 无线电通信辅助设备

升降机：West Tower：办公室乘用电梯×33台 消防电梯×3台 低区电梯×5台 低区货物电梯×1台 轮椅升降机×2台 East Tower：办公室乘用电梯×29台 消防电梯×2台 低区电梯×3台 整体：自动扶梯×31台

特殊设备：井水处理设备

工期

设计期间：2009年1月–2015年5月
施工期间：2015年5月–2018年8月

外部装饰

外壁：LIXIL YKK AP FUJISASHI 栗原工业 菊川工业 三誓金属 墨东建材
开口部位：NABCO SYSTEM 和TAjima 寺冈Auto door

内部装饰

天花板：AICA工业
标准层办公室
地面：NICHIAS TOLI 江织物 SANGETSU
墙壁：SANGETSU
中央长廊
墙壁：LIXIL
天花板：栗原工业
2层会议大厅
地面：NICHIAS TOLI

利用向导

https://otemachiplace.jp/

崎山茂（SAKIYAMA·SHIGERU）
1958年出生于神奈川县/1983年毕业于东京大学研究生院工学系研究科，获硕士学位，就职于日本设计公司/现任该公司理事

笠卷正弘（KASAMAKI·MASAHIRO）
1967年出生于群马县/1990年毕业于武藏工业大学工学院建筑专业，就职于日本设计公司/现任该公司第四建筑设计群副群长兼首席建筑师

谷村正幸（TANIMURA·MASAYUKI）
1975年出生于福冈县/2000年毕业于法政大学研究生院工学研究科，获硕士学位，就职于日本设计公司/现任该公司第四建筑设计群高级建筑师

奥村彰浩（OKUMURA·AKIHIRO）
1975年出生于京都府/2001年毕业于京都工艺纤维大学研究生院工艺科学研究科，获硕士学位，并就职于日本设计公司/现任该公司第4四建筑设计群主管

小林浩（KOBAYASHI·HIROSHI）
1962年出生于长野县/1986年毕业于东京工业大学建筑专业，就职于大林组建设有限公司/现任该公司设计总部副部长

白崎宏明（SHIRASAKI·HIROAKI）
1968年出生于东京都/1992年毕业于东洋大学建筑专业，就职于大林组建设有限公司/现任该公司设计总部项目设计部科长

渡边哲巳（WATANABE·TETUMI）
1975年出生于爱媛县/2000年毕业于东京大学研究生院工学系研究科建筑专业，获硕士学位，就职于大林组建设有限公司/现任该公司设计总部总公司结构设计部科长

岛冈宏秀（SHIMAOKA·HIROHIDE）
1977年出生于爱知县/2003年毕业于京都大学研究生院工学研究科，获硕士学位，就职于大林组建设有限公司/现任该公司设计总部设备科长

宫部裕史（MIYABE·HIROSHI）
1972年出生于大分县/1996年毕业于大阪工业大学研究生院建筑专业，获硕士学位，就职于NTT FACILITIES公司/现任该工程结构事业总部项目设计部科长

札幌创世广场（项目详见第54页）

●向导图登录新建筑在线：
http://bit.ly/sk1811_map

所在地：北海道札幌市中央区北1条西1-6
主要用途：事务所 电视台 剧场 会馆 图书馆 店铺 停车场 DHC
所有人：札幌创世1.1.1区北1西1地区市街地再开发组合

设计

日建设计·北海道日建设计企业联营体

日建设计

总负责人：村尾忠彦
主任：佐藤健
城市规划负责人：黑泽俊彦 大村高广 松井泰友 藤山三冬 河原透 林邦能
建筑负责人：井上祐史 松枝京二 朝山宗启 北條丰 高桥淳 藤平隆裕
结构负责人：吉江庆祐 村上博昭 朝贺亮太
电力设备负责人：泷泽总 坂本真史 清水义章 田中叶子
机械设备负责人：本多敦 齐藤义明 铃木聪 吉田真之介
音响负责人：司马义英 青木亚美
景观负责人：根本哲夫 西大輔 佐藤勇
监管负责人：山崎淳 田中利幸 峰岸光治 佐藤玲圭 奥山由人 安川秀一 小野茂树 甲胜之

北海道日建设计

主任：佐藤教明
城市规划负责人：平下贵博 升田大辅 植地刚 本间寿幸 安达政市
建筑负责人：吉野孝雄 后藤博宗 中川阳介 中村友纪 滨口芳郎 小林隆行 阿久津翼
结构负责人：嘉村武浩 宫城正弘
电气设备负责人：小黑理 金田真辉
机械设备负责人：塚见史郎 金子政之 小林直树 津村勇次
监管负责人：井上胜己 石丸修二 吉住和晃 新内好孝 细川正彦

会馆室内音响设计合作：永田音响设计
负责人：小野朗 酒卷文彰
会馆照明合作：饭塚千惠里照明设计事务所
负责人：饭塚千惠里
舞台设计合作（实施设计）：Theatre Workshop
负责人：伊东正示 林惠子

施工

建筑：大成建筑 岩田地崎建设 伊藤组土建 岩仓建设 丸彦渡边建设企业联营体
空调：高砂热学工业 新菱冷热工业 三机工业
卫生：大气社 大成设备 朝日工业社 齐久工业
电力：Kinden 北弘电社 东光电气工程 住友电设
电梯：三菱电机 东芝电梯 Sansei Engineering 大广 日本奥的斯电梯
舞台结构：三精科技 KAYABA SYSTEM MACHINERY
舞台照明设备：松下
舞台音响设备：YAMAHA SOUND SYSTEMS

规模

用地面积：11 675.94 m²
建筑面积：9431.66 m²
使用面积：131 891.72 m²
地下1层：9865.72 m²/1层：7413.65 m²
2层：8314.98 m²/阁楼1层：131.98 m²
标准层：1995.67 m²
建蔽率：80.78%（容许值：100%）

容积率：899.21%（容许值：900%）
层数：地下4层 地上27层 阁楼1层

尺寸

最高高度：124 250 mm
房檐高度：123 050 mm
层高：办公楼办公室：4050 mm
电视台办公室：4500 mm
顶棚高度：办公楼办公室：2700 mm
电视台演播室：10 700 mm
电视台办公室：2800 mm
主要跨度：7200 mm×17 400 mm

用地条件

地域地区：商业地区 防火地区 停车场整治地区 都市再生特别地区
道路宽度：东56.82 m 西25.45 m 南25.00 m 北20.00 m
停车辆数：423辆

结构

主体结构：钢架结构 钢架钢筋混凝土结构 钢筋混凝土结构
桩·基础：直接基础

设备

空调设备
热源：地域冷暖气设施供热 一部分为空冷模块式冷水机组
空调方式：空调机+FCU方式 一部分为外气处理基准空调机+冷热自由型空冷式机组PAC方式

卫生设备
供水：饮用水、生活用水双系统供水方式 重力供水方式+泵组加压供水方式 防灾井
热水：局部供给热水方式 一部分为中央供给热水方式
排水：污水、生活用水合流方式

电力设备
供电方式：33kV点式网络供电方式
设备容量：网络变压器 5000kVA×3台
预备电源：燃气轮机发电机 2000kVA×2台

防灾设备
灭火：室内消火栓设备 洒水器灭火设备（封闭型、干燥探知型、开放性、喷水型）N2瓦斯灭火设备 粉末灭火设备 连接供水管设备 消防用水 防火水槽（地下坑30t×2处）
排烟：机械排烟 自然排烟
其他：紧急广播设备 紧急照明 指示灯设备 火灾自动警报设备 无限通信辅助设备
电梯：客梯×30台 人货共用电梯×1台 大型电梯×2台
特殊设备：停车管制设备 舞台音响 舞台机构 舞台照明设备

工期

设计期间：2010年4月-2014年12月
施工期间：2015年1月-2018年5月

外部装饰

外部结构：J&P

内部装饰

入口、室内通道、地下广场
地板：J&P

利用向导

闭馆时间：9:00-22:00（札幌文化艺术交流中心SCARTS）
9:00-21:00（札幌市图书信息馆）
节假日不闭馆（札幌文化艺术交流中心SCARTS除外）

村尾忠彦（MURAO·TADAHIKO）
1962年出生于大阪府/1985年毕业于神户大学工学院环境规划专业/1985年—1987年就读于华盛顿大学研究生院城市建筑专业（文部省资助留学）/1988年取得神户大学研究生院硕士学位后，就职于日建设计公司/现任该公司执行业务设计部代表

佐藤健（SATO·KEN）
1968年出生于东京都/1993年取得工学院大学研究生院硕士学位，同年进入日建设计公司/现任该公司设计部团队经理兼设计部长

藤山三冬（FUJIYAMA·MIFUYU）
1961年出生于福冈县/1984年毕业于九州大学工学院建筑专业/1997年就职于日建设计公司/2014年—2018年调往北海道日建设计/现任日建设计项目开发部门城市设计部计划长

朝山宗启（ASAYAMA·MUNEAKI）
1975年出生于大阪府/2001年取得东京理科大学研究生院硕士学位/2005年就职于日建设计公司/现任该公司设计部门设计部主管

北條丰（HOJO·YUTAKA）
1975年出生于长野县/2000年取得东海大学研究生院硕士学位/2008年就职于日建设计公司/现就职于该公司设计部门设计部

中村友纪（NAKAMURA·TOMOKI）
1974年出生于北海道/1999年取得北海道大学研究生院硕士学位后，进入北海道日建设计公司/现任该公司设计室主管

中川阳介（NAKAGAWA·YOSUKE）
1977年出生于北海道/2000年毕业于北海道学园大学工学院建筑专业/2008年就职于北海道日建设计公司/现任该公司设计室主管

左：办公楼入口/右：办公楼标准层。室内面积约18 m×65 m，采用"无柱"设计，划分成若干小块办公区，用于出租。室内三面为Low-E复层玻璃+隔热幕墙设计，拥有良好的密封性和隔热性，可眺望到札幌的群山和石狩湾，天花板高2700 mm

仓敷常春藤广场改建（项目详见第62页）

● 向导图登录新建筑在线：
http://bit.ly/sk1811_map

所在地：冈山县仓敷市本町7-2
主要用途：集会场所（酒店宴会厅）
所有人：仓敷纺织 仓敷常春藤广场
设计
建筑、监管：浦边设计
　　负责人：西村清是 河本二郎 中川奈穗子
　结构：北條建筑结构研究所
　　负责人：北條稔郎 桥本宗明 荒木勇多
　砖瓦结构顾问、指导：京都工艺纤维大学
　　负责人：森迫清贵 金尾伊织
　设备：新日本设备计划
　　负责人：河村修二 大下繁治
　照明：RISE
　　负责人：冈幸男
　砖瓦再利用车间指导：
　　高山砖瓦建筑设计
　　负责人：高山登志彦
　标识设计：
　　负责人：木村幸央
施工
　建筑：藤木工务店
　　负责人：中山彻 滨川信行 井上和司
　　宙木功 仲田智贵 小椋俊汰
　空调、卫生：DAIDAN 负责人：横田裕昭
　电力：中工电 负责人：福间靖弘 川上悠介
　　原田敦己
规模
　用地面积：21 430.00 m²
　建筑面积：1990.62 m²（增建部分）
　使用面积：2455.67 m²（增建部分）
　1层：1956.35 m²/2层：499.32 m²
　建蔽率：53.87%（容许值：90.00%）
　容积率：69.72%（容许值：200.00%）
　层数：地上2层
尺寸
　最高高度：9920 mm
　房檐高度：8495 mm
　层高：大厅：3110 mm
　顶棚高度：新宴会厅：约6700 mm
　主要跨度：6720 mm×20 160 mm

用地条件
　地域地区：近邻商业地域 仓敷市传统美观保护地区
　道路宽度：东6.5 m 西5.5 m
　　南11.0 m 北4.0 m
　停车辆数：约120辆
结构
　主体结构：钢架结构
　桩·基础：直接基础（柱形改造）
设备
空调设备
　空调方式：中央热源方式+个别分散方式
　热源：煤气+电力
卫生设备
　供水：直接直压供水方式
　热水：局部供给热水方式
　排水：自然排水方式
电力设备
　供电方式：3φ3W 6.6kV 室内高压接电方式
　设备容量：800kVA
防灾设备
　灭火：成套灭火设备
　排烟：自然排烟
　其他：音响设备 升降调控设备 厨房设备
升降机：限乘9人×1台
工期
　设计期间：2016年12月-2017年9月
　施工期间：2017年10月-2018年9月
外部装饰
　屋顶：GANTAN BEAUTY INDUSTRY
　外墙：GANTAN BEAUTY INDUSTRY
　开孔处：三协ARUMI
内部装饰
新宴会厅：
　地板：SUMINOE
　天花板：竹村工业
大厅：
　地板：SUMINOE
　墙壁：SANGETSU
　天花板：DAIKEN
休息室：
　地板：SUMINOE
　墙壁：TOLI
　天花板：DAIKEN

卫生间：
　地板：NICHIMAN RUBBERTECH
　墙壁：AICA
　天花板：DAIKEN
利用向导
　联系电话：仓敷常春藤广场（代表）
　　086-422-0011

西村清是（NISHIMURA·KIYOSHI）
1954年出生于大阪府/1979年毕业于大阪大学工学院环境工学专业/1979年就职于浦边建筑事务所/1987年更名为浦边设计/现任该公司代表董事

河本二郎（KOMOTO·JIRO）
1972年出生于墨尔本/1995年毕业于广岛大学工学院/1997年取得神户大学研究生院硕士学位/1997年就职于浦边设计

中川奈穗子（NAKAGAWA·NAHOKO）
1982年出生于京都府/2007年取得京都工艺纤维大学研究生院硕士学位/2008至今就职于浦边设计

虎屋赤坂店（项目详见第72页）

● 向导图登录新建筑在线
http://bit.ly/sk1811_map

所在地：东京都港区赤坂4-9-22
主要用途：商场 饮品店 画廊 点心制造所 办公室
所有人：一五
设计
建筑·监管：内藤广建筑设计事务所
　　负责人：内藤广 蛭田和则 市村骏 吉村百代
　结构：KAP
　　负责人：冈村仁 桐野康则 梅原智洋
　设备：森村设计
　　负责人：袖川正宪 汤泽健 松本尚树 志津ERIKA
　防灾设计：明野设备研究所
　　负责人：土屋伸一 日户由纪菜
　室外照明咨询：I.C.O.N
　　负责人：石井RIISA明理
施工
　建筑：鹿岛建设东京建筑分店
　　负责人：爪长修 米泽一雄 横山阳平 铃木太 小森壮太郎 林真人 九鬼英一 笠井公平
　空调：东洋熟工业
　　负责人：山内洋树
　卫生：西原卫生工业
　　负责人：三浦航世
　电力：关电工
　　负责人：石丸幸实
　木工程：筑柴
　　负责人：中田一寿 富田昌一
　泥瓦匠：樱DECO
　　负责人：久住章
　家具·日常用具：丹青社

福井县年缟博物馆（项目详见第82页）

● 向导图登录新建筑在线
http://bit.ly/sk1811_map

所在地：福井县三方上中郡若狭町鸟浜122-12-1
主要用途：博物馆 研究所
所有人：福井县
设计·监管
建筑：内藤广建筑设计事务所
　　负责人：内藤广 神林哲也 福原信一 庄野航平
　结构：金箱结构设计事务所
　　负责人：金箱温春 辻拓也
　设备：森村设计
　　负责人：汤泽健 沟口舞 石川丈彦 榎本智明
　展示：乃村工艺社
　　负责人：井上晃秀 岸田匡平 稻野边翔
　设备：森村设计
　　负责人：汤泽健 沟口舞 石川丈彦 榎本智明
施工
　建筑：展示楼（福井县年缟博物馆）：前田产业·巴屋特定建设工程企业联营体
　　研究楼1（里山里海湖研究所）：泽村
　　研究楼2（立命馆大学古气候学研究中心）：鸟居建筑
　　负责人：今川隆浩 平井真 小野裕辅 中塚崇太 泽村公也 鸟居功 鸟居秀夫 桥野友一

仓敷常春藤广场（1974年）改建前仓敷纺织工厂景观。2018年仓敷纺织迎来创建130周年

改建后客房效果图（左：3人间，右：4人间）

规模

建筑面积: 678.73 m²
使用面积: 2979.14 m²
地下1层: 557.92 m²
1层: 634.31 m²/2层: 634.37 m²
3层: 651.11 m²/4层: 447.91 m²
阁楼层: 53.52 m²
建蔽率: 80.10%（容许值: 100%）
容积率: 297.12%（容许值: 668%）
层数: 地下1层 地上4层 阁楼1层

尺寸

最高高度: 25 640 mm
房檐高度: 21 400 mm
层高: 商场: 4000 mm
顶棚高度: 商场: 2800 mm

用地条件

地域地区: 商业地区 防火地区
道路宽度: 西13.38 m 北39.78 m
停车辆数: 9辆

结构

主体结构: 地下层: 钢筋混凝土结构 部分为
　　钢筋钢架混凝土结构
　　地上层: 钢架结构
桩·基础: 现成混凝土桩

设备

环境保护技术

自然换气 自然采光 屋顶绿化 LED照明
人感传感器调控 采用节水器具 雨水
流出调控 采用锅炉用（蒸食品器具
用）中和装置 二氧化碳调控 噪音对
策（设置防噪音百叶窗、室外机消音
器） 设置防止落雪暖气 采用高效率
机器 采用冷气设备再热 采用户外空
气制冷

空调设备

空调方式: 空冷复合式空调 直膨空气处理机
　　组（单一送风管变风量方式）

卫生设备

供水: 储水槽+加压供水泵方式
热水: 局部供给方式
排水: 污水·杂用水合流 雨水分流方式 地
　　上层: 重力式 地下层: 上压式

电力设备

供电方式: 6.6kV 单线路供电
设备容量: 750kVA
预备电源: 柴油机发电机100kVA

防灾设施

防灾: 自动火灾报警设备 紧急广播设备 紧
　　急照明设备 指示灯设备
灭火: 室内消火栓设备 灭火器
排烟: 送气口 排烟口烟雾感知连动
其他: 避雷设备

工期

设计期间: 2015年12月—2016年12月
施工期间: 2017年4月—2018年8月

利用向导

营业时间: 商场: 8:30—19:00（平时）
　　9:30—18:00（周末等节假日）
　　菓寮: 11:00—18:30（平时）
　　11:00—17:30（周末等节假日）
　　画廊: 10:00—17:30（根据活动进行变
　　更）
休息时间: 每月6号（12月除外）

内藤广（NAITOU·HIROSHI）

1950年出生于神奈川县/
1974年毕业于早稻田大学理
工学院建筑系/1976年取得
早稻田大学研究生院（吉阪
隆正研究室）硕士学位/
1976年—1978年就职于Fernando·IGEIRASU
建筑设计事务所/1979年—1981年就职于菊竹清
训建筑设计事务所/1981年成立内藤广建筑设
计事务所/2001年—2002年在东京大学研究生院
工学系研究科担任社会基础学副教授/2003年—
2011年担任东京大学研究生院教授/2001年担
任东京大学名誉教授

1层停车场。柱子跨度为12.5 mm，确保足够宽敞

空调

空调: 展示楼: 前田设备 研究楼12: 增田空
　　调
　　负责人: 江户真一 江户辉美 三宅正
　　人

卫生

卫生: 展示楼: 前田设备 研究楼12: 增田空
　　调
　　负责人: 江户真一 江户辉美 三宅正
　　人

电力

电力: 展示楼: 日东电力 研究楼1: 宇野电
　　力商会 研究楼2: 右近电力工程店
　　负责人: 冈田邦男 宇野精浩 田边初
　　雄 右近守 伊藤勇
展示: 乃村工艺社 负责人: 末崎武 村田陆
外部结构: 前田产业
　　负责人: 川畑裕介 田中连太郎
长吉组 负责人: 川岛昌钦
造园: 青池庭园 负责人: 青池丰博

规模

用地面积: 6409.31 m²
建筑面积: 1929.76 m²
使用面积: 1779.35 m²
1层展示楼: 318.40 m²/研究楼: 461.70 m²
研究楼2: 321.57 m²/2层展示楼: 676.06 m²
建蔽率: 30.11%（容许值: 70%）
容积率: 27.76%（容许值: 200%）
层数: 地上2层

尺寸

最高高度: 11 130 mm
房檐高度: 6480 mm
层高: 展示室: 4120 mm

顶棚高度: 入口: 2500 mm
主要跨度: 9600 mm（短边方向）
　　14 400 mm（长边方向）

用地条件

地域地区: 城市规划区域内
道路宽度: 西6.96m
停车辆数: 70辆

结构

主体结构: 钢筋混凝土（部分为预应力钢筋混
　　凝土）钢架结构 木质混合结构
桩·基础: PHC摩擦桩 钢筋混凝土

设备

空调设备

空调方式: 地面出风式空调 多种组合型空调
热源: 气冷热泵组合式

卫生设备

供水: 自来水管道直接供水方式
热水: 局部供给方式
排水: 合流方式

电力设备

供电方式: 高压供电方式

防灾设施

灭火: 室内消火栓设备 灭火器设备
排烟: 自然排烟

升降机: 人货共用兼无障碍电梯（限乘11
　　人）×1台

特殊设备: 局部排气装置

工期

设计期间: 2016年4月—11月
施工期间: 2017年3月—2018年5月（外部结

构至2018年8月）

工程费用

总工费: 1480 000 000日元

利用向导

开馆时间: 9:00—17:00
闭馆时间: 星期二
票价: 成人500日元 中小学生200日元
联系方式: 0770-45-0456

内藤广（NAITOU·HIROSHI）
●人物简介同上

在里山里海湖研究所和立命馆大学古气候
学研究中心搭建的外部露台。周围设置防
雪围栏形成车间

● 向导图登录新建筑在线：
http://bit.ly/sk1811_map

所在地：新潟县上越市五智 2-15-15
主要用途：水族博物馆
所有人：上越市
指定管理者：横滨八景岛

设计
日本设计
建筑负责人：篠崎淳　河野建介
寺崎雅彦　须贺贵康
结构负责人：荻野雅士　间室健一
盐见庸
设备负责人：栫弘之　涉田周平　宋继宁
景观负责人：工藤隆司
成本负责人：笹本义典　铃木由香
监理负责人：大室金藏　河野建介　寺
崎雅彦　石塚秀教　盐见庸　滨启太
郎　内村和博
展示演出（解说板・Projection Mapping）
丹青社　负责人：高柳敦
店铺内部装修　EMBODY DESIGN
负责人：岩本胜也　江畑欣忠

施工
建筑：大成・田中・高馆企业联营体
大成建设负责人：寺田耕一郎　铃木芳孝
稻叶典史　赤堀雄大　杉冈笃史
田中产业负责人：大岛圭介　岩崎祐一
高馆组负责人：秋山博明　山岸雄平
饲养：新菱冷热工业　负责人：关川贵之
空调・卫生：DAI-DAN　负责人：高桥洋辅
电力：Yurtec　负责人：新宫将史
展示演出（解说板・Projection Mapping）
丹青社负责人：藤田雅一　山崎智也
店铺内部装修：STYLE　负责人：森田恭章

规模
用地面积：9504.84 m²
建筑面积：3303.60 m²
使用面积：8439.61 m²
1 层：3276.38 m²　2 层：2842.81 m²
3 层：2320.42 m²
建蔽率：34.76%（容许值：60%）
容积率：87.47%（容许值：200%）
层数：地上 3 层

尺寸
最高高度：17 982 mm
房檐高度：16 682 mm
主要跨度：6300 mm × 6300 mm

用地条件
地域地区：第一种中高层住居专用地区　日本
《建筑基准法》第22条指定地区
道路宽度：北8.40 m
停车辆数：645辆

结构
主体结构：钢筋混凝土结构　部分钢筋结构
桩・基础：桩基础

设备
环境保护技术
根据CO_2浓度控制户外空气量　地板送风空调
BPI=0.98　BEI=0.87
空调设备
空调方式：全热交换器＋风冷热泵变频多联式
PAC 方式
热源：GHPP
卫生设备
供水：储水箱＋增加泵方式
热水：煤气・电力局部供热水方式
排水：雨水・污水室外分流方式
电力设备
供电方式：高压受电　3 φ 3W 6600V
设备容量：2 450kVA
额定电压：927kW
预备电源：高压柴油发动机　500KVA
防灾设备
灭火：室内消防栓设备　干粉灭火器　消防供
水设备　灭火器
排烟：机械排烟＋自然排烟
电梯：三菱电机
特殊设备：海水取水设备　过滤循环设备
水温调节设备

工期
设计期间：2014 年6月—2016年3月
施工期间：2016 年5月—2018年5月
工程费用
总费用：8 701 133 400 日元

外部装饰
大房檐：Sumikei-Nikkei Engineering
外壁：KIKUSUI
开口部位：AGC 硝子建材　三协立山
外观：佐藤渡辺

水槽：EPOKISI工业
ASAHI BUILDING-WALL
NIPPURA

内部装饰
入口大厅・餐厅・集会大厅
地板：越井木材工业
墙壁：KIKUSUI
前厅
地板：越井木材工业
墙壁：KIKUSUI
越井木材工业

利用向导
开馆时间：10:00—17:00（不同时期有所调
整）
休馆时间：无
门票：大人 1800 日元　高中生100 日元
中小学生 900 日元　幼儿（4岁以上）
500 日元
年长者（65岁以上）1500 日元
电话：025-543-2449

篠崎淳（SINOZAKI・JYUN）
1963年出生于东京都 /1986
年毕业于早稻田大学理工学
院建筑专业/ 1988年修完早
稻田大学研究生院硕士课程/
1988年进入日本设计/2010
年任日本设计代表建筑设计师/现任日本设计执
行研究员

河野建介（KOUNO・KENSUKE）
1979年出生于神奈川县/
2003 年毕业于东京大学工
学院建筑专业/ 2006年修完
东京大学研究生院工学研究
科建筑学专业硕士课程/
2006年进入日本设计/现任综合设计部主管

寺崎雅彦（TERASAKI・MASAHIKO）
1983年出生于德岛县/2006
年毕业于东京大学工学院建
筑专业/2008年修完东京大
学研究生院工学研究科建筑
学专业硕士课程/2008年进
入日本设计/现任综合设计部主管

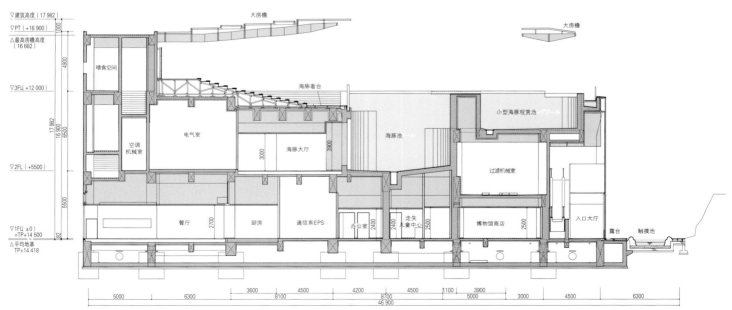

南北剖面图　比例尺1:300

深圳小梅沙新海洋世界（水族馆）·高端度假酒店（项目详见第102页）

● 向导图登录新建筑在线：
http://bit.ly/sk1811_map

所在地：深圳市盐田区小梅沙
主要用途：水族馆 酒店 研究所 商业
所有人：深圳经济特区开发集团
设计
建筑＋展示：佐藤综合计划＋乃村工艺社
佐藤综合计划
　负责人：鉾岩崇 糸濑贤司 谢少明
　南波康 辻和之 齐藤诚司 刘敏
　林映岚
乃村工艺社
　负责人：松本和也 稻野辺翔
结构：Arup
　负责人：南公人 天野裕 张含露
设备：佐藤综合计划

负责人：本间秀明 星野厚志
规模·结构
用地面积：89 614 m²
■新海洋世界（水族馆）
建筑面积：19 000 m²
使用面积：50 750 m²
层数：地下 1 层 地上 5 层
结构：钢筋结构 一部分钢筋混凝土结构
■事务所
建筑面积：3680 m²
使用面积：28 890 m²
层数：地下 1 层 地上 9 层
结构：钢筋结构 部分钢筋混凝土结构
■海洋主题酒店
建筑面积：2200 m²
使用面积：12 000 m²
层数：地下 1 层 地上 8 层

结构：钢筋结构 部分钢筋混凝土结构
■高端度假酒店
建筑面积：9350 m²
使用面积：28 149 m²
层数：地下 1 层 地上 14 层
结构：钢筋结构 部分钢筋混凝土结构
■导游中心
建筑面积：3900 m²
使用面积：11 706 m²
层数：地下 1 层 地上 5 层
结构：钢筋结构 部分钢筋混凝土结构
总建筑面积：38 130 m²
总使用面积：131 495 m²
工期
设计期间：2018年7月–2019 年9月（预计）
施工期间：2019年10月–2021年12月（预计）

细田雅春（HOSODA·MASAHARU）
1941年出生于东京都 /1965年毕业于日本大学理工学院建筑专业，1965年进入佐藤武夫设计事务所（现佐藤综合计划）/现任佐藤综合计划董事长

鉾岩崇（HOKOIWA·TAKASI）
1964年出生于爱媛县/1988年修完广岛大学工学院第四类建筑学课程/1990年进入佐藤综合计划/现任该公司执行委员、东京第一事务所代表、建筑师会负责人、北京事务所首席代表

糸濑贤司（ITOSE·KENJI）
1970年出生于爱知县/1993年毕业于名古屋工业大学社会开发工学专业/1994年—2008年就职于Architect 5/2009年进入佐藤综合计划/现任该公司东京第一事务所开发设计室副室长

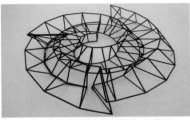
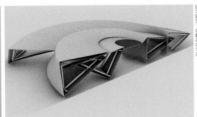

右：3D打印机输出的结构框架模型。运用Rhinoceros创建，可以直观感受的模型。使用框架模型，确认板坯位置/ 左：运用Rhinoceros探讨模型。研究结构框架、外皮和镶板切割

丰田卡罗拉 新大阪名神茨木店（项目详见第108页）

● 向导图登录新建筑在线：
http://bit.ly/sk1811_map

所在地：大阪府茨木市三咲町5–17
主要用途：展示场
所有人：丰田卡罗拉新大阪
设计
竹中工务店
　建筑负责人：米津正臣 片濑利行 三田村聪
　结构负责人：山下靖彦 九岛壮一郎 高山直行 木原隆志
　设备负责人：金坂敏通 松本健 世利公一 芥子元香
　监理负责人：长田幸则 松本忠史 松井秀吉
标识设计：广村设计事务所
　负责人：广村正彰 中村一行
照明设计：冈安泉照明设计事务所
　负责人：冈安泉
施工
竹中工务店
　建筑负责人：美浓武志 松村诚 川崎泰博 增田隆司 小野寺健太
　设备负责人：永野浩幸 中村雅实
规模
用地面积：5905.49 m²
建筑面积：2143.11 m²
使用面积：1978.70 m²
建蔽率：36.30％（容许值：60％）
容积率：33.51％（容许值：200％）
层数：地上1层
尺寸
最高高度：5900 mm
房檐高度：5750 mm
顶棚高度·展厅：3700 mm~4875 mm
办公室：2800 mm　维修厂：4000 mm
主要跨度：7975 mm × 14367 mm~10751 mm

用地条件
地域地区：工业地区 防火地区
道路宽度：西9.49 m 北22.99 m
停车辆数：36辆
结构
主体结构：钢架结构
桩·基础：柱状改良 天然地基
设备
空调设备
空调方式：冷气泵空调制冷方式
热源：电力
卫生设备
供水：直接加压供水方式
热水：局部热水方式 电热水器
排水：室内合流（污水·杂用水）方式
　　　室外分流（污水·雨水）方式
电力设备
供电方式：高压1回线供电方式
设备容量：258kVA
防灾设备
灭火：灭火器
其他：自动火灾报警设备 引导灯 紧急照明
工期
设计期间：2016年8月—2017年10月
施工期间：2017年11月—2018年8月
外部装饰
屋顶：DYFLEX
外墙：DYFLEX 吉野石膏 淀川制钢所
开口部：YKKAP
外部结构：昭和洋樽
内部装饰
展厅·休息室
地板：昭和洋樽
墙壁：昭和洋樽 DAIKEN
天花板：昭和洋樽 DAIKEN
办公室
地板：TOLI
墙壁：TOLI

天花板：吉野石膏
车库
地板：DINAONE
天花板：昭和洋樽 DAIKEN
维修厂
地板：ABC商会
利用向导
作手交流馆
开馆时间：9:30–19:00
闭馆时间：每月第2和第4个周一

内米津正臣（YONEDU·MASAOMI）
1974年出生于爱知县/1997年毕业于东京工业大学工学部建筑系/1999年同校硕士毕业，随后就职于竹中工务店设计部/现担任竹中工务店设计组长

三田村聪（MITAMURA·SATOSHI）
1986年出生于爱知县/1997年毕业于名古屋市立大学艺术工学部都市环境设计系/2011年名古屋大学硕士毕业后就职于竹中工务店设计部

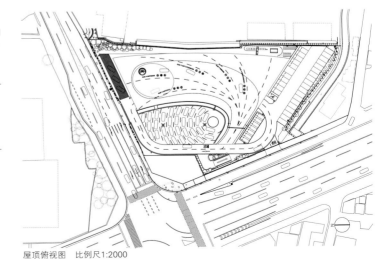

屋顶俯视图　比例尺1:2000

日本压着端子制造 东京技术中心 （项目详见第 114 页）

●向导图登录新建筑在线：
http://bit.ly/sk1811_map

所在地：神奈川县横滨市港北区樽町4-8-24
主要用途：事务所
所有人：日本压着端子制造
设计
建筑：冈部宪明ARCHITECTURE NETWORK
　　负责人：冈部宪明　山口浩司　宫坂知明
结构：T&M ASSOCIATES
　　负责人：山内哲理　宫原智惠子
空调・卫生设备：ES ASSOCIATES
　　负责人：佐藤英治　小川泰志*（*原
　　职员）
监理：冈部宪明ARCHITECTURE NETWORK
　　负责人：山口浩司　宫坂知明　森山智就
施工
建筑：松井建设
　　负责人：佐藤彰　重田大介　藤井祐辅
空调・卫生：World Engineering
　　负责人：松田启太
电力：藤泽综合设备
　　负责人：佐佐木诚
规模
用地面积：3051.99 m²（包括原有建筑）
建筑面积：586.52 m²
使用面积：2655.08 m²
地下1层：649.53 m²
1层：546.55 m²/2层：457.36 m²
3层：531.24 m²/4层：441.08 m²
5层：29.32㎡
建蔽率：59.79%（容许值：60%）（包括原
　　建筑）
容积率：198.51%（容许值：200%）（包括
　　原建筑）
层数：地下1层　地上5层
尺寸
最高高度：18 250 mm
房檐高度：18 098 mm
层高：地下1层：4250 mm /1层：3900 mm/
　　2・3层：3750 mm /4层：4100 mm /
　　5层：2553 mm
顶棚高度：地下1层办公室：2900 mm/1层实
　　验室：3400 mm
　　2・3层办公室：2450 mm～2800 mm /
　　4层办公室：2900 mm～3250 mm

主要跨度：7950 mm×7150 mm
用地条件
地域地区：标准工业地区　防火地区　第5种
　　高度地区
道路宽度：东8 m
停车辆数：25辆（包括原建筑）
结构
主体结构：钢架结构　部分钢架钢筋混凝土结构
桩・基础：钢管桩
设备
环境保护技术
空调方式：冷气泵空调制冷方式
屋顶绿化：试验设备排热
CASBEE（LEED）　PAL等数值 CASBEE
1.5（A级）
空调设备
空调方式：空气热源冷气泵封装方式
卫生设备
供水：加压供水方式
热水：局部方式（电力）
排水：污水・杂用水合流方式（室内）
　　污水・雨水分流方式（室外）
电力设备
供电方式：高压3Φ3w6.6kV1回线供电方式
设备容量：850kVA
防灾设备
灭火：室内消防栓设备　灭火器
排烟：自然排烟
其他：自动火灾报警设备
升降机：13人厢式电梯（60m/min）×1台
工期
设计期间：2015年1月–2016年5月
施工期间：2016年7月–2017年12月
外部装饰
屋顶：双和化学产业
外墙：理研轻金属工业　ROMATILEJAPAN
开口部：YKKAP
外部结构：GRITE/日本兴业/ADVAN
内部装饰
地下1层办公室・工作室
地板：DIA FUSO　住江织物　大建工业
1层试验室
地板：东理
墙壁：A&A Material
天花板：吉野石膏
2层自由办公区

地板：DIA FUSO
墙壁：Fukko/大建工业
天花板：APEX
3・4层办公室
地板：DIA FUSO　住江织物
墙壁：ROMATILEJAPAN　大建工业
天花板：APEX
主要使用器械
家具：办公桌・榻榻米台・鞋柜・隔断：
　　Inter.office（订制家具）
　　地下1层–3层办公室・地下1层–3层会
　　议室・测定室・采光井椅子・采光井桌
　　子：axona AICHI
　　4层办公室・社长室椅子，1层–3层会
　　议室・社长室桌子：INTERIORS

冈部宪明（OKABE・NORIAKI）
1947年出生于静冈县/1971年
毕业于早稻田大学理工学部
建筑系/1973年赴法国攻读法
国公费硕士/1974年开始就职
于Piano＋Rogers/1977年开
始与Renzo Piano合作/1981年起任Renzo Piano
Building Workshop・Paris首席设计师/1988年设
立 Renzo Piano Building Workshop・Japan并出
任代表/1995年起任冈部宪明ARCHITECTURE
NETWORK代表/1995年—2016年担任神户艺术
工科大学教授

山口浩司（YAMAGUCHI・HIROSHI）
1955年出生于福冈县/1978年
毕业于东京工业大学工学部
建筑系/1980年获得该学校硕
士 学 位，随 后 进 入
ARCHIVISION建筑事务所/
1990年进入Renzo Piano Building Workshop・
Japan工作/1991年起就职于Renzo Piano Building
Workshop・Genova.Italy/1996年起进入冈部宪明
ARCHITECTURE NETWORK工作

宫坂知明（MIYASAKA・CHIAKI）
1962年出生于长野县/1986
年毕业于日本大学理工学部
建筑系/1986年—1994年就
职于棚桥广夫＋Architects
and Designers Network/1999
年起进入冈部宪明ARCHITECTURE NETWORK
工作

日本终端电压制造　名古屋技术中心分馆 —Petali— （项目详见第 122 页）

●向导图登录新建筑在线：
http://bit.ly/sk1811_map

所在地：爱知县MIYOSHI市黑笹町丸根
　　1099-25
主要用途：研究所
所有人：日本终端电压制造
设计
建筑・监管　Atelier KISHISHITA
　　负责人：岸下真理　岸下和代
结构：满田卫资构造策划研究所
　　负责人：满田卫资　海野敬亮*（*原
　　职员）
设备：pulse设计
　　负责人：前原多惠子　石丸法美
施工
建筑：波多野工务店
　　负责人：后藤茂郎　园山实　马场盛吉
　　加藤礼生
空调：东洋空调　负责人：中岛田聪
卫生：村上设备　负责人：村上雄二
电力：松冈电机工业　负责人：竹内智彦

型板模板：竹村工业　负责人：松井则良
　　松原组　负责人：松原义弘
钢筋：森田钢筋　负责人：下木场博史
防水：MASARU防水　负责人：土屋胜
涂装：石原工业　负责人：石原登　石原贵宏
金属板：石田钣金工业所　负责人：石田浩一
金属：岸五　负责人：松田直行
玻璃：东铁工业　负责人：脇田和明
木格子：越井木材工业　负责人：小野ERIKA
木工：结屋　负责人：石原健太
钢制建具：日钢窗框制作所
　　负责人：田中润二　中村智也　藤泽卓哉
瓷砖：都窑业
　　负责人：河原辉雄　河原将一
久世业务店　负责人：久世博之
卷帘窗
　　负责人：鸠山佳子　鸠山晃子　本野寿雄
屋顶绿化：zerocon　负责人：小林俊之
　　大林环境研究所　负责人：大林久　大
　　林武彦
规模
用地面积：18 236.98 m²
建筑面积：4275.91 m²

　　（新建部分 546.60 m²）
使用面积：16 147.84 m²
　　（新建部分 613.08 m²）
1层：546.60 m²/阁楼层：66.48 m²
建蔽率：23.45%（容许值：60%）
容积率：88.27%（容许值：200%）
层数：地上1层　阁楼1层
尺寸
最高高度：8100 mm
房檐高度：5460 mm
顶棚高度：实验室：5200 mm
用地条件
地域地区：工业地区　日本《建筑基准法》第
　　22条指定地区　三好黑笹研究开发工
　　业用地地区　地区规划B地区　特定都
　　市河川流域
道路宽度：东12 m
停车辆数：200辆
结构
主体结构：钢筋混凝土结构
桩・基础：直接基础
设备
空调设备

空调：热力泵方式
热源：电力
卫生设备
供水：自来水管道直接供水方式
排水：自然流出方式
电力设备
供电方式：3φ3w6.6kV60Hz　高压1回线
设备容量：170kVA
防灾设备
灭火：灭火器
其他：自动火灾报警器　紧急照明设备
工期
设计期间：2016年9月–2017年9月
施工期间：2017年10月–2018年4月
外部装饰
屋顶：TAJIMA ROOFING INC.　zerocon
外壁：竹村工业　都窑业　大日技研工业
开口部位：日钢纱窗制作所
外部结构：ashford
内部装饰
入口大厅
地面：ashford
墙壁：竹村工业　越井木材工业

MITSUFUJI福岛工厂（项目详见第130页）

项目详见第130页

●向导图登录新建筑在线：
http://bit.ly/sk1811_map

所在地：福岛县伊达郡川俣町大字鹤泽字雁之
作91
主要用途：工场　研究开发
所有人：MITSUFUJI
设计
建筑：**MA partners建筑事务所**
　　负责人：村田琢真　高荣智史
结构：研究开发楼：大贺建筑结构设计事务所
　　负责人：大贺成典
　　工厂楼：川田工业
　　负责人：中泽秀昭
设备：生驹设备事务所
　　负责人：生驹俊久　菊池清一
造园：荻野寿也景观设计
　　负责人：荻野彰大
监理：MA partners建筑事务所
　　负责人：村田琢真　太田启介　高荣智
史
施工
建筑：川田工业
　　负责人：铃木一　喜舍场三广
空调·卫生：三晃空调
　　负责人：竹田勇介　渊上孝太
电力：KURIHALANT
　　负责人：畑野哲司　黑川裕文
造园：荻野寿也景观设计　负责人：荻野彰大
　　大藤造园　负责人：佐藤芳明
标识设计：PEEK SEEK　负责人：白井静
规模
用地面积：23 888.06 m²
建筑面积：4 842.06 m²
使用面积：4 639.76 m²
建蔽率：20.26%（容许值：60%）
容积率：19.42%（容许值：200%）
层数：地上1层
尺寸
最高高度：研究开发楼：5100 mm
　　　　工厂楼：5450 mm
房檐高度：研究开发楼：4650 mm
　　　　工厂楼：5050 mm
顶棚高度：研究开发楼：3500 mm

工厂楼：3 500 mm（屋顶架子以下）
主要跨度：研究开发楼6060 mm×5670 mm
　　　　工厂楼：17 400 mm×13 000 mm
用地条件
地域地区：都市规划区域内
道路宽度：南12 m
停车辆数：83辆（含白线外区域）
结构
主体结构：钢筋
桩·基础：直接基础
设备
空调设备
空调方式：空冷热泵式
热源：电力
卫生设备
供水：压力储水槽方式
热水：独立锅炉
排水：净水槽排水方式
电力设备
供电方式：高压供电方式
设备容量：950 kVA
额定电力：485 kW
防灾设备
灭火：室外灭火栓
排烟：基于避难安全验证法
其他：诱导灯设备　自动火灾报警设备
特殊设备：蒸汽设备　空气设备　局部换气设
备
工期
设计期间　2016年12月—2017年11月
施工期间　2017年12月—2018年7月
工程费用
总费用：1 200 000 000日元
外部装饰
屋顶：研究开发楼：三晃金属
　　　　工厂楼：三条物产
外壁：igkogyo工业
开口部：三协立山　alumi.st-grp.co
外部结构：四国化成
内部装饰
■研究开发楼
食堂·共同研究作业室
地面：TOLI
墙壁：sangetsu
天花板：日化强化板

接待室
地面：sangetsu
墙壁：sangetsu
屋顶：sangetsu
■工厂楼
工厂
地面：住友橡胶
墙壁：chiyoda-ute
主要使用器械
研究开发楼照明机器：远藤照明

安昌寿（AN·MASATOSHI）
1949年出生于大阪 /1975年
毕业于京都大学研究生院建
筑专业/ 1975年—2013年就
职于日建设计公司/2013年—
2015年就职于日建设计综合
研究所/2016年设立MA partners建筑事务所，任
董事长

村田琢真（MURATA·TAKUMA）
1956年出生于东京/1981年
毕业于东京艺术大学建筑专
业/ 1984年毕业于美国RICE
大学研究生院建筑专业
/1985年毕业于东京艺术大
学研究生院建筑专业/ 1985年—2012年就职于
日建设计公司/2017年至今任MA partners建筑
事务所首席执行官

高荣智史（TAKAE·SATOSHI）
1986年出生于佐贺县/2006
年毕业于有明工业高等专科
学校建筑专业/ 2008年毕业
于京都造型艺术大学环境设
计专业/2013年修完早稻田
大学研究生院硕士课程/2013年设立高荣智
史 | 建筑设计/摄影公司/2016年至今任MA
partners建筑事务所首席建筑师/2017年至今
任京都造型艺术大学外聘教师

屋顶：竹村工业　越井木材工业
环境实验室
地面：ashford
墙壁：竹村工业　越井木材工业
屋顶：竹村工业　越井木材工业
鼓风机室
地面：ashford
墙壁：竹村工业　越井木材工业
卷帘窗：bs-line
主要使用器械
照明器具：DN Lighting　odelic　YAMAGIWA
空调机器：DAIKIN

岸下真理（SHINRI·KISHISHITA右）
1969年出生于兵库县
/1993年毕业于金泽工业大
学工学部建筑专业/ 1995年
修完金泽工业大学研究生
院工学研究科硕士课程/
1995年—2000年就职于无有建筑工房/2001年
与他人共同创办AtelierKISHISHITA/ 2015年至
今任大阪工业大学外聘教师/ 2018年至今任摄
南大学外聘教师

岸下和代（KAZUYO·KISHISHITA 左）
1970年出生于富山县/1993年毕业于金泽工业大
学工学部建筑学科/1993年—1996年就职于金泽计
划研究所/2001年与他人共同创办Atelier
KISHISHITA

施工图。建造房梁时在临时水平台上建造框
架结构

NTT DATA三鹰大厦EAST（项目详见第136页）

所在地：东京都三鹰市
主要用途：DateCenter
所有人：NTT Date

设计
建筑 NTT Facilities
　负责人：桥本律雄　壹岐信宏　本庄博希
　　　薮内文惠　刘谷武郎　岩崎威子
　结构：Arup
　负责人：德渊正毅　奥村祐介 *
　挂本启太*（*原职员）服部彰仁
　设备：NTT Facilities
　负责人：远藤利秀　许鹏　本田直树
　　　桑原英宽　诸泽润　饭岛善行　菊田宏幸
　　　Arup
　负责人：菅健太郎　淡野绫子 *
　　　向井一将　竹中大史
　Project Management：NTT Facilities
　负责人：桥本律雄　川瀬哲也 *
　　　高杉壮一郎 *
　　　Arup
　负责人：菊地雪代　松本和也 *
　Facade Consulting：Arup

负责人：佐々木仁　萩原克奈惠　入泽薰
LEED Consulting・Commissioning：Arup
　负责人：菊地雪代　菅健太郎
　　　Daniel Mak*　小原克哉　Tony Lam
　　　Ngan-Tung　山本隼人*
Security Consulting：Arup
　负责人：菊地雪代　松本和也*
　　　Wai-Keung Yeung
Construction Management：NTT Facilities
　负责人：河内敬次　江口美保
BIM：NTT Facilities
　负责人：松冈辰郎
　FUJITA　负责人：小田博志
　新菱冷热工业　负责人：谷内秀敬
　协和EXEO　负责人：伊藤嘉教
监理：NTT Facilities
　负责人：梶昭大　佐伯圭彦　内山章*
　佐藤正广　加藤修身*　村上康平
　Arup　负责人：德渊正毅　服部彰仁

施工
建筑：FUJITA・共立特定建设工程企业联营体
　负责人：德永达纪　高桥裕介　丸冈将俊　冈本拓也

空调・卫生：新菱冷热工业
　负责人：町田彰　大槻和彦　山添真理
电气：协和EXEO
　负责人：古俣弘之　板仓启二　向井优圣

规模
用地面积：18 842.72 m²
建筑面积：8011.55 m²
　（2期完成时：10 958.72 m²）
使用面积：26 740.60 m²
　（2期完成时：36 785.65 m²）
建蔽率：43%
　（2期完成时：58%，容许值：60%）
容积率：142%
　（2期完成时：196%，容许值：200%）
层数：地上4层　阁楼1层

尺寸
最高高度：24 800 mm
房檐高度：21 600 mm
顶棚高度：4800 mm　6000 mm

用地条件
地域地区：工业地区

道路宽度：东12 m
停车辆数：9辆

结构
主体结构：钢筋结构　地基防震
桩・基础：桩地基（预制混凝土桩）

设备
环境保护技术
LEED　Gold
空调设备
空调方式：直接室外空气制冷和间接室外空气制冷　冷却选择性冷却
热源：空冷式热泵模块冷却装置＋冷却塔＋空冷热泵package方式
卫生设备
供水：饮用水、雨水再利用　直接加压给水方式
热水：局部方式（电气热水存储器）
排水：污水、杂用排水合流方式
电气设备
供电方式：66kV 干线・预备线2回线供电
设备容量：特高变压23MVA×2台（终局40MVA）
额定电力：2000kW

Tsunashima可持续性・智能城市（项目详见第144页）

●向导图登录新建筑在线：
http://bit.ly/sk1811_map

所在地：神奈川县横滨市港北区纲岛东4
基本构想：Panasonic　野村不动产
　负责人：坂本道弘　岩崎弘仁　福富久记
　　　大林英臣　新妻MINAMI
顾问・技术合作：大林组
　负责人：小野岛一　中村昇　土屋惠美子　一居康夫　中村纯　辻芳人　门田摄　岸浩行　榎本贤　河上朋义　山田安幸
设计概念：光井纯&Associates建筑设计事务所
　负责人：光井纯　守屋良则　上光健介　稻山雅大　松本贤　粟津润一　阿部直人　田部直美
■SCIM（Smart City Information Modeling）
主要用途：提供街道3D模型的专业平台
企划・设计
大林组
　负责人：小野岛一　中村昇　土屋惠美子　一居康夫
系统构建：大林组　MONSTER DIVE　方舟信息系统
■Tsunashima SST SQUARE
主要用途：Town Inovation Center　学生宿舍
所有人：Panasonic Homes
设计
建筑：TORAY建设 东京一级建筑师事务所
　负责人：田中义裕　增田铁矢
施工
建筑：TORAY建设　东京总店　负责人：森田敏裕
规模
用地面积：约2700 m²
建筑面积：约730 m²
使用面积：约70 m²（Exchange Studio）
　约160 m²（Inovation Studio）
　约5640 m²（庆应义塾大学纲岛SST国际学生宿舍，宿舍室数：163间）
建蔽率：41.65%（容许值：50%）※地区计划

容积率：199.36%（容许值：200%）
层数：地上9层
结构
主体结构：钢筋混凝土结构
桩・基础：PHC桩
工期
设计期间：2015年12月–2016年9月
施工期间：2016年10月–2018年2月

■横滨纲岛氢站・氢台
主要用途：商铺（氢供给处）
所有人：JXTG 能源
设计
建筑：NIPPO 一级建筑师事务所
　负责人：阿部信之
设计合作：ASUKA设计
　负责人：秋元稔夫　秋元秀一
施工
建筑：NIPPO 关东建筑支店
　负责人：中岛隆　清平英治
规模
用地面积：约800 m²
建筑面积：205.19 m²
使用面积：247.01 m²
建蔽率：25.59%（容许值：60%）
容积率：30.81%（容许值：200%）
层数：地上2层
结构
主体结构：钢筋骨架结构
桩・基础：以基地改良和板式基础为主的浮动地台施工工法　LCR 工法（特许）
工期
设计期间：2016年4月–7月
施工期间：2016年8月–2017年3月

■PROUND 纲岛 SST
主要用途：共同住宅（和小规模育儿事业）
所有人：野村不动产　关电不动产开发　Panasonic Homes
设计
建筑　三井住友建设
　构思负责人：幅康宏　水上知昭
　结构负责人：高桥绘里
　设备负责人：藤原亚记子　定松正树

施工
建筑：三井住友建设
　建筑负责人：佐藤克哉　小林誉典　大西良一　村松雅也　成川凌
　设备负责人：黑田英辉
规模
用地面积：约3600 m²
建筑面积：约1300 m²
使用面积：约8300 m²
建蔽率：36.23%（容许值：70%）※适用于角地缓和
容积率：202.55%（容许值：202%）※根据日本《建筑基准法》第52条14项1号容积率的许可
层数：地上10层
总户数：94 户
结构
主体结构：钢筋混凝土结构
桩・基础：地基浇灌混凝土桩　扩底桩
工期
设计期间：2015 年8月–2016年8月
施工期间：2016 年8月–2018年1月

■APITA tarrace横滨纲岛
主要用途：商业设施　停车场
所有人：IK Investment・Four　UNY
设计
建筑：木内建设一级建筑师东京事务所
　建筑负责人：高木章　蛭田芳行　今泉欣也　丹羽润
　结构负责人：江口理　森下正俊
　设备负责人：红林秀岳　森川祐纪
　监理负责人：高木章　今泉欣也　丹羽润
施工
建筑：木内建设　东京支店
　建筑负责人：泊治彦　柏木清仁　朝仓康行
　设备负责人：西行辉　米津英博
规模
用地面积：约18 300 m²
建筑面积：12 110.59 m²
使用面积：44 568.05 m²
建蔽率：66.18%（容许值：70%）

容积率：193.63%（容许值：200%）
层数：地上4层
结构
主体结构：钢铁骨架
桩・基础：PHC桩
工期
设计期间：2016年2月–11月
施工期间：2016年11月–2018年1月

■能源中心
主要用途：能源中心
所有人：东京GAS Engineerling Solutions
设计
建筑：大林组
　建筑负责人：中村纯　辻芳人　逸见笃俊　岸本将成
　结构负责人：卷岛一穗　栗原有希
　设备负责人：大石晶彦　竹内和男　山田安幸　猪野琢也　泷泽庆人
　监理负责人：杉山英夫
施工
建筑：大林组
　建筑负责人：佐藤勇二　小川一敏
　设备负责人：长本孝则
规模
用地面积：2699.11 m²
建筑面积：396.27 m²
使用面积：685.79 m²
建蔽率：14.60%（容许值：60%）
容积率：25.16%（容许值：200%）
层数：地上 2 层
结构
主体结构：钢筋结构
桩・基础：PHC 桩
工期
设计期间：2015年5月–12月
施工期间：2015年12月–2016年8月

预备电源：燃气涡轮发电机4500kVA×2台
（终局12台）　UPS1000kVA ×7台
（终局35台）
防灾设备
灭火：屋内消火栓　屋外消火栓　氮气灭火设
备
排烟：自然排烟　部分机械排烟
其他：油储藏设备　自动火灾报警设备　高感
度烟感系统设备　太阳能发电设备
（共用部电源供给）
升降机：9台
工期
设计期间：2014年12月–2016年2月
施工期间：2016年8月–2018年3月

桥本律雄（HASHIMOTO·RITSUO）

1960年出生于东京/1984年
东京大学工学部建筑学科毕
业后，就职于日本电信电话
公司/现就职于ＮＴＴ
Facilities项目设计部

远藤利秀（ENDOH·TOSHIHIDE）

1962年出生于山形县/1986
年工学院大学建筑学科毕业
后，就职于日本电信电话株
式会社/现任NTT Facilities
再开发项目设计室担当科长

德渊正毅（TOKUBUCHI·MASAKI）

1969年出生于埼玉县/1994
年毕业于早稻田大学理工学
部建筑学科/1996年取得早
稻田大学研究生院硕士学位
/1996年—2006年就职于
NTT Facilities/ 2006年就职于Arup /现为Arup
合作员（结构）

菅健太郎（SUGA·KENTARO）

1977年出生于东京都/2001
年毕业于早稻田大学理工学
部建筑学科/2003年东京大
学研究生院工学系研究科建
筑学专业毕业后，就职于久
米设计/2009年—就职于Arup/现为同社东京
OFFICE 环境设备负责人

人物简介

一居康夫（ICHII·YASUO）

1969年出生于滋贺县/1992
年早稻田大学理工学部建筑
学科毕业后，就职于大林组
设计总部/现担任大林组设
计本部设计solution部部长

中村昇（NAKAMURA·NOBORU）

1962年出生于德岛县/1985
年毕业于神户大学工学部建
筑学科/1987年神户大学研
究院硕士课程结束后，就职
于大林组设计总部/1996年
—1998年调职至泰国大林/2002年调职至
JAYA大林/现任大林组技术总部智慧城市推进
室部长

光井纯（MITSUI·JUN）

1955年出生于山口县/1978
年毕业于东京大学工学部建
筑学科/1978年—1982年就
职于冈田新一设计事务所
/1984年耶鲁大学建筑学部
研究生院毕业/1984年—1992年创立César Pelli
& Associates（现Pelli Clarke Pelli
Architects）/ 1992年成立Pelli Clarke Pelli
Architects Japan/1995年成立光井纯and
Associates建筑设计事务所/现任两公司董事
长/日本大学客座教授

稻山雅大（INAYAMA·MASAHIRO）

1983年出生于宫崎县/2009
年毕业于九州大学研究生院
艺术工学府Design Strategy
专业/同年就职于光井纯and
Associates建筑设计事务所/
现任Associate

岩崎弘仁（IWASAKI·MITSUHITO）

1969年出生于东京都/1992年东京信息大学经
营学科毕业后，就职于松下电器产业的松下电
子工业信息系统总部/2000年调职至松下电器
产业共同体信息系统社/2008年更名为松下/
2016年就职于Panasonic Business Solution
总部

深尾精一（HUKAO·SEICHI）

1949年出生于东京/1971年毕业于东京大学工
学部建筑学科/1976年毕业于该大学研究生院
工学系研究科建筑学专业博士课程（工学博
士）/1976年为早川正夫建筑设计事务所员工/
1977年担任东京都立大学工学部建筑工学科
副教授/1995年同大学工学部建筑学科教授/
2005年首都大学东京都市环境学部教授/2013
年同大学退休，享名誉教授称号

饗庭伸（AIBA·SIN）

1971年出生于兵库县/毕业于早稻田大学理工
学部建筑学科/2017年任首都大学东京教授/专
业为都市计划与城市建设/现从事山形县鹤冈
市、岩手县大船渡市、东京都世田谷区的城市
建设工作

中山英之（NAKAYAMA·HIDEYUKI）

1972年出生于福冈县/1998毕业于年东京艺术
大学美术学部建筑科/2000年毕业于该大学研
究生院美术研究科建筑专业硕士课程/2000
年—2007年就职于伊东丰雄建筑设计事务所/
2007年成立中山英之建筑设计事务所/现任东
京艺术大学美术学部建筑科教授

连勇太朗（MURAJI·YUTARO）

1987年出生于神奈川县/2012毕业于年庆应义
塾大学研究生院政策·传媒研究科硕士课程/
2012年成立MOKU–CHIN RECIPE，任代表理
事/现任庆应义塾大学研究生院特任助教，横
滨国立大学研究生院特聘讲师

岸井隆幸（KISHII·TAKAYUKI）

1953年出生于兵库县/1975
年毕业于东京大学工学部都
市工学科/1977年毕业于该
大学研究生院都市工学专业
硕士课程/1977年—1992年
就职于日本建设厅/1992年日本大学理工学部
土木工学科专职讲师/1995年—1998年该大学
副教授/1998年任该大学理工学部土木工学科
教授/2018年任该大学特任教授

金田泰裕（KANEDA·YASUHIRO）

1984年出生于神奈川县/
2007年毕业于芝浦工业大学
工学部建筑工学科（丸山洋
志研究室）/2007年—2012
年就职于A.S. Associates/
2012年—2014年就职于Bollinger + Grohmann
（巴黎事务所）/2014年成立yasuhirokaneda
STRUCTURE（巴黎事务所）/2016年就任香
港事务所

理事单位
火热招募中

　　《景观设计》杂志拥有广泛、全面的发行渠道，全国各地邮局均可订阅，新华书店及大部分大中城市建筑书店均有销售，可有效递送至目标读者群。客户可以设计新颖、独特的广告页面，宣传企业形象，呈现公司理念，彰显设计魅力。

　　加入《景观设计》理事会，您将享有以下权益：
· 杂志设专页刊登公司 Logo；
· 杂志官方网站免费做一年的图标链接及公司的动态信息宣传；
· 杂志微信、微博等新媒体上可定期免费推送；
· 全年可获赠 6P 广告版面，并获赠《景观设计》样刊；
· 推荐一位负责人担任本刊编委，并可免费参加我社组织召开的年会等相关活动；
· 可优先发表符合本刊要求的项目案例；
· 可优先为公司制作专辑，安排人物专访；
· 在我社主办或参与的所有行业活动上，将免费为理事会成员单位进行宣传；
· 理事会成员单位参与由我社组织的学术交流及考察，将享有大幅优惠；
······

ATLAS 阿拓拉斯

GM Landscape design
广亩景观

LANDSCAPE DESIGN

土木風設計
TUMUFENG DESIGN

华建集团
ARCPLUS

当代景观

CBD
CLASSIC BUILD DESIGN
盛博地景观

壹城
TCH

LAURENT

蓝调国际
CBULD

ALSA

PCDI
湃登國際

山水比德
S.P.I LANDSCAPE
GROUP

太合景观
TAIHE LANDSCAPE

景观 LANDSCAPE
设计 DESIGN
www.landscapedesign.net.cn

专题 城市运动公园
Special Subject City Sports Park

景观设计
www.landscapedesign.net.cn

立足本土 放眼世界

Focusing on the Local, Keeping in View the World

《景观设计》（双月刊）创刊于 2002 年，是景观及城市规划设计领域首屈一指的国际性权威刊物。本刊由天津大学建筑学院与大连理工大学（出版社、建筑与艺术学院）联合主办，国内外公开发行；本刊图文并茂、中英双语以及国际大开本的精美装帧吸引了众多专业人士，可谓是最直观的视觉盛宴！

《景观设计》以繁荣景观创作、增进国内外学术交流为办刊宗旨，以"时代性、前瞻性、批判性"为办刊特征；以"立足本土·放眼世界"为其编辑定位；关注国际思维中的地域特征，即用世界的眼光来探索中国的命题。

《景观设计》强调本土特征中的国际化品质，目标是创建具有中国本土特色的具有国际水平的杂志，超大即时的信息容量也是其一大特征；本刊采用主题优先的编辑和组稿模式，常设有景观设计师和建筑师访谈、境外事务所专访、学术动态、国内外经典案例等精品栏目。

本刊详尽的信息、敏锐的市场触觉、清新的风格，在众多同类杂志中独树一帜，为景观设计师丰富和完善设计作品提供了一个理想的空间；为广告企业开拓市场、拓宽产品销路、提高企业形象提供了一个最有价值的展示平台；为中国城市景观设计、环境规划和城市建设等提供了专业化指导并产生深远影响。

淘 淘宝　　微店

单本定价 **88** 元 / 期　　全年订阅 **528** 元 / 年

邮局征订：邮发代号 8-94
邮购部订阅电话：0411-84708943

大连市高新技术产业园区软件园路80号理工科技园B座1104室，邮编：116023

2018 "中国最美期刊"

"中国最美期刊" 项目创意来自于"世界最美的书"和"中国最美的书"。"世界最美的书"是由德国图书艺术基金会主办的评选活动，距今已有近百年历史，代表了当今世界书籍艺术设计的最高荣誉。"中国最美的书"是由上海市新闻出版局主办的评选活动，以书籍设计的整体艺术效果与制作工艺和技术的完美统一为标准，评选出中国内地出版的优秀图书 20 本，授予年度"中国最美的书"称号并送往德国参加"世界最美的书"的评选。

"中国最美期刊" 遴选活动是中国（武汉）期刊交易博览会重要活动之一，活动由中国（武汉）期刊交易博览会组委会于 2014 年发起主办，中国期刊协会所属中国期刊年鉴杂志社具体承办。活动定位于期刊视觉艺术设计，以期刊设计的整体艺术效果、制作工艺与技术的完美统一为标准，通过网络公众投票和专家遴选相结合，遴选出印刷制作精美、艺术格调高雅、艺术形式新颖的优秀期刊，并授予年度"中国最美期刊"称号。

目前，"中国最美期刊"遴选活动成功举办了四届，共遴选出 399 种期刊，形成了"中国最美期刊方阵"，受到广大读者的广泛好评，对推动我国期刊装帧设计和制作水平的提高及绿色印刷工艺的应用等都发挥了积极作用。

2018 年 9 月 15 日，2018 "中国最美期刊"和"期刊数字影响力 100 强"遴选结果在"第六届亚太数字期刊大会暨 2018 中国期刊媒体国家创新发展论坛"的会议现场正式公布。中国期刊协会会长吴尚之、湖北省新闻出版广电局局长张良成、原国家新闻出版广电总局新闻报刊司司长李军、中国期刊协会常务副会长兼秘书长余昌祥、湖北省新闻出版广电局副局长胡伟等领导为入选期刊的代表颁发荣誉证书，并对获奖期刊给予了高度评价：这些入选期刊在坚持正确政策方向、坚持正确舆论导向的前提下，文化品位高尚，艺术格调高雅，艺术形式新颖，具有独特的设计风格，出版与印刷符合国家有关标准规范，印装精美，对倡导推进绿色印刷工艺的应用具有创新意义。

电话：0411-84709075   传真：0411-84709035   E-mail：landscape@dutp.cn

新建筑

株式會社新建築社，東京

简体中文版© 2019大连理工大学出版社

著作合同登记06–2019第15号

版权所有·侵权必究

图书在版编目(CIP)数据

建筑设计与空间构思 / 日本株式会社新建筑社编；
肖辉等译. -- 大连：大连理工大学出版社，2019.4
（日本新建筑系列丛书）
ISBN 978-7-5685-1959-5

Ⅰ.①建… Ⅱ.①日… ②肖… Ⅲ.①建筑设计—研
究 Ⅳ.①TU2

中国版本图书馆CIP数据核字（2019）第067954号

出版发行：大连理工大学出版社
　　　　　（地址：大连市软件园路80号　邮编：116023）
印　　刷：深圳市福威智印刷有限公司
幅面尺寸：221mm×297mm
出版时间：2019年4月第1版
印刷时间：2019年4月第1次印刷
出 版 人：金英伟
统　　筹：苗慧珠
责任编辑：邱　丰
封面设计：洪　烘
责任校对：寇思雨

ISBN 978-7-5685-1959-5
定　　价：人民币98.00元

电　　话：0411-84708842
传　　真：0411-84701466
邮　　购：0411-84708943
E-mail：architect_japan@dutp.cn
URL：http://dutp.dlut.edu.cn

本书如有印装质量问题，请与我社发行部联系更换。